목소리와 몸의 교양

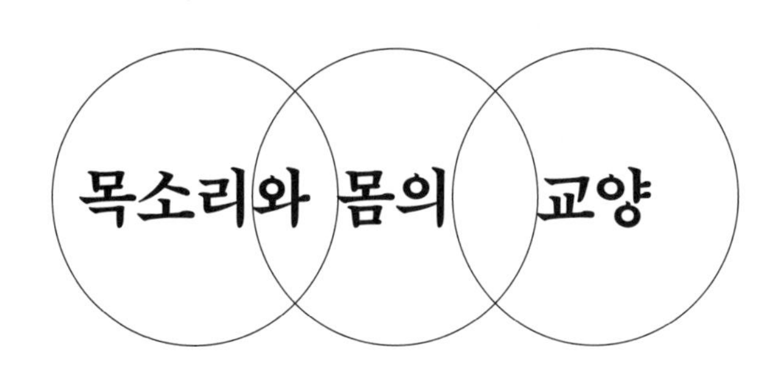

목소리와 몸의 교양

나의 생각과 감정을 잘 표현하기 위한 단련법

고카미 쇼지 지음
박제이 옮김

머리말

내 목소리와 몸을 매력적으로

이 책은 내가 가진 **목소리**와 **몸**을 자각하고 매력 있게 만드는 구체적인 훈련 방법을 소개한 책입니다. 풍부한 표현의 세계로 나아가는 데 꼭 필요한 **올바른 발성**과 **올바른 몸**을 만드는 기본 훈련법을 안내합니다.

이 책을 가장 먼저 권하고 싶은 분들은 배우나 배우 지망생입니다. 그렇지만 연기와 상관없이 교사나 회사원, 나아가 '목소리'와 '몸'을 지닌 모두에게 효과적인 내용이 담겨 있습니다. 한마디로 거의 모든 사람이 대상이라 할 수 있지요.

'올바른 발성'과 '올바른 몸'은 비단 배우에게만 필요한 덕목은 아닙니다. 실제로 서양에는 '보이스 티처'(목소리 선생님)라는 직업이 있습니다. 그들은 배우뿐 아니라 다양한 직업인, 특히 영업직 종사자나 기업의 중역, 교사, 정치가 등을 가르칩니다. 이른바 사람들 앞에서 이야기하는 일을 하는 이들의 목소리를 매력 있게 만들도록 지도하지요. 말하는 '내용'만큼이나 어떤 '목소리'로 말하는지가 대단히 중요하기 때문입니다.

정치가들이 국회에서 연설하는 모습이 TV에 이따금 나오지요. 하나같이 시선을 아래로 떨군 채 남이 써 준 대본을 웅얼웅얼 읊어 대기 일쑤더군요. 그들의 목소리는 단조롭고 힘이 없습니다. 이미지로 표현하자면 비슬비슬 날아가는가 싶다가도 금세 아래로 곤두박질치는 목소리랄까요. 내용이 어떻든(사실 내용이 있는 경우가 드물겠지만) 목소리만 들어도 귀 기울여 듣고 싶은 마음이 싹 가시고 맙니다.

그런데 해외 뉴스에서 보는 서양 정치가의 목소리는 다릅니다. 당당하고, 낭랑하며, 표현이 풍부합니다. 인물이

유명해질수록 내용은 빈약해질망정, 목소리만 들으면 금세 설득당할 것만 같습니다. 아마도 그들은 보이스 티처에게 지도를 받았을 겁니다.

저는 연출가입니다. 연출가로서 사람들을 바라보면 희한하게 느껴지는 부분이 있습니다. 흔히들 화장이나 패션에는 굉장히 신경을 쓰지만, 정작 목소리와 몸에 신경 쓰는 사람은 매우 드물다는 사실입니다.

당연한 말이지만 목소리와 몸은 나 자신의 것입니다. 얼굴에 신경 쓰느라 머리 모양이나 화장법은 열심히 연구하면서 왜 목소리와 몸은 연구하지 않는 걸까요? 목소리와 몸도 관심을 기울이고 노력하면 얼마든지 나아질 수 있습니다. 물론 실패할 때도 있겠지요. 분명 잘 어울려 보였던 옷이 전혀 어울리지 않는다든가, 괜찮겠다 싶은 머리 모양을 해 봤다가 울상 짓기도 하는 것처럼요. 이런 시행착오를 줄이기 위해 세상에는 패션과 머리 모양, 화장에 관한 책이 넘쳐납니다. 많은 사람이 그런 책을 보면서 얼굴과 머리 모양을 연구하지요. 그런데 목소리와 몸을 연구하는 사람은 드뭅니다. 애초에 목소리와 몸을 더욱 매력적으로 갈고닦을 수 있다는 관점에서 쓴 책은 찾아보기 힘들죠.

이 책은 시행착오를 최소한으로 줄이면서 내가 가진 목소리와 몸을 더욱 매력 있게 만드는 효과적인 방법을 가르쳐 줍니다.

[훈련 1]부터 차근차근 따라 해 보세요. 무엇을 해야 하는지 구체적으로 설명함으로써 혼자서도 얼마든지 훈련할 수 있게, 나아가 극단이나 동호회 등 소집단에서도 훈련할 수 있도록 구성했습니다.

훈련 뒤에 붙인 주의사항은 각자 필요한 부분만 읽으면 됩니다. 잘 모르겠다 싶은 부분은 그냥 넘겨도 되고요. 무엇보다 직접 해 보는 것이 중요합니다. 물론 '이 훈련을 왜 해야 하는가?'를 이해할 필요는 있겠죠. 그러나 머리로만 이해하는 것은 별 의미가 없습니다. 꾸준히 훈련하다 보면 점차 주의사항의 의미도 깨닫게 될 겁니다.

많은 분이 제가 소개한 훈련을 통해 더욱 매력적인 목소리와 몸 그리고 풍부한 표현력을 갖게 된다면 더없이 기쁘겠습니다. 자, 그럼 이제 시작해 볼까요.

목소리 단련

몸 단련

목소리 단련

I

'올바른 발성'이란 무엇인가?

⊙

연출가이자 보이스 티처로서 저는 '발성'에 관한 질문과 고민을 수없이 들어왔습니다.

"발성이 뭔지 잘 모르겠어요."

"발성이 잘 안 돼요."

워크숍에 찾아오는 수많은 사람이 털어놓는 고민입니다. 그러면 저는 대답 대신 질문을 던지지요.

"올바른 발성이란 뭔가요?"

여러분이 생각하는 '올바른 발성'은 어떤 건가요? 그 답을 모르는 상황에서 발성이 안 된다고 고민하는 건 좀 이상하죠. 나름대로 '올바른 발성'이란 이런 것이고, 그래서 자신의 지금 발성 수준은 이렇다는 걸 파악하지 못한 상태라면 의미가 없습니다.

이야기가 옆길로 살짝 새는데, '고민'과 '생각'을 혼동

해서는 안 됩니다. '고민'이란 '아, 나는 발성이 안 돼. 큰일이네. 어떡하지? 어쩌면 좋아?' 하며 끙끙거리는 것입니다. '고민'하다 보면 시간은 눈 깜짝할 새에 지나가 버립니다. 같은 자리만 빙글빙글 맴돌 뿐이죠. 한편 '생각'은 '나는 발성이 잘 안 돼. 그렇다면 발성이 잘 되는 상태란 어떤 상태를 가리키는 걸까? 누구의 발성이 좋은 걸까? 이 사람? 아니 저 사람?' 하며 시간을 들인 만큼 발견하고 흡수하는 것입니다. '고민'만으로는 절대 답을 찾을 수 없습니다.

제가 "올바른 발성이란 뭔가요?"라고 물으면 쭈뼛쭈뼛 한두 마디씩 대답이 나옵니다. 가장 많이 나오는 대답은 '잘 안 쉬는 목소리'입니다. '울려 퍼지는 목소리', '낭랑한 목소리'도 많고요. 저는 다시 묻습니다.

"그럼 '잘 안 쉬고 울려 퍼지고 낭랑하면' 올바른 발성인가요?"

그러면 다들 고개를 끄덕입니다. 여러분 생각은 어떤가요? '목소리가 안 쉬고 울려 퍼지고 낭랑'하면 올바른 발성일까요? 저는 오페라 가수 같은 목소리로 다시 묻습니다.

"그렇다면 NHK 아나운서 같은 목소리인가요?"

이번에는 '으음, 꼭 그런 것만은 아닌데' 하는 얼굴로 고개만 끄덕입니다.

이쯤에서 가만히 생각해 봅시다. '올바른 발성'이란 과연 뭘까요? 생각하는 것도 중요한 발성 훈련입니다. 생각에 생각을 거듭함으로써 내 목소리를 자각하고 내 목소리와 마주할 테니까요. 저는 워크숍에서 일부러 5-10분쯤 생각할 시간을 줍니다. 나름대로 결론을 내려고 노력하는 것 또한 중요한 발성 훈련이기 때문입니다.

제가 생각하는 **올바른 발성**이란 **자신의 감정과 생각을 오롯이 표현할 수 있는 목소리를 내는 것**입니다.

'잘 안 쉬는 목소리'라든가 '울려 퍼지는 목소리', '낭랑한 목소리'는 그다음 문제입니다. 내가 '어떤 목소리를 내고 싶다'고 생각하면 온전히 그 목소리를 낼 수 있는 것. 그것이 바로 올바른 발성입니다.

실제로 꽤 오랫동안 올바른 발성이란 '맑고 또랑또랑하고 울려 퍼지는 목소리'라고 믿어 왔습니다. 그 결과 어떤 대사든 낭랑하게 울리는 목소리로 말하는 배우가 많이 나왔지요. 일명 '오페라 포지션'이라고도 하는 목소리입니다. 입 안 윗부분을 혀로 더듬어 보면 앞니 가까운 곳은 딱딱하고 중간부터 부드러워지는 부분이 있습니다. 이 부드러운 부분을 '연구개'라고 합니다. 오페라 포지션은 이 연구개를 들어 올려 비강으로 이어지는 '상인두강'을 울려서 소리를 냅니다.(느닷없이 전문적인 얘기를 꺼냈군요. 이해하지 못해도 괜찮습니다.)

오페라 포지션 발성은 장대한 이야기에는 잘 어울립니다. 이를테면 왕이나 여왕이 내는 목소리죠. 그런 목소리가 필요하다고 느낀다면 그 '목소리'를 낼 수 있어야 합니다.

하지만 평범한 일상 풍경을 그린 작품에서 그런 목소리는 어딘지 부자연스럽게 느껴집니다. 너무 울려 퍼지는 데다 지나치게 또랑또랑해서 일상적인 이야기를 할 때는 도무지 어울리지 않습니다.

일본에서는 신극新劇* 분야에 이 발성을 하는 배우가 많습니다. 그 뒤에 찾아온 안그라アングラ** 연극에서는 그런 목소리가 부자연스럽다고 여겨졌고, '발성 훈련 같은 건 받아도 소용없다'며 발성 훈련 자체가 부정당했습니다.

안타까운 역사지요. 지금도 이렇게 생각하는 사람이 있습니다. '(성악)가수가 되려면 발성 훈련이 필요하지만 배우는 필요 없어. 훈련을 받으면 받을수록 다들 똑같은 목소리만 내니까. 역시 발성 훈련은 개성을 죽이거든.' 이는

---

* 구극(가부키)과는 달리 서구 근대극의 영향을 받은 일본의 연극.

** '언더그라운드'의 일본식 발음을 살린 조어. 상업성을 무시하고 독자성을 주장하는 전위적이고 실험적인 예술이다. 1960년대에 미국에서 발생했으며 영화와 연극 분야가 주를 이룬다.

안타깝게도 잘못된 발성 훈련밖에 모르기 때문입니다. 올바른 발성은 단 하나뿐이라고 가르치는 훈련만 알고, '목이 잘 안 쉬고, 울리며, 낭랑한 목소리'만이 올바른 발성이라고 믿어 버리면 이런 편견에 사로잡히기 마련입니다.

그런데 '발성 훈련 따위 필요 없다'는 사람이 꼭 무대에서 목이 쉽니다. 좋은 연기를 펼치려 애쓰지만 이내 자신의 목소리가 객석에 가닿지 않는다는 사실을 깨닫고는 저도 모르게 소리를 지르거든요. '내 감정과 생각을 표현'하려고 했지만 정작 '목소리'가 따라 주지 않은 결과입니다. '개성'을 중시하다가 목소리가 쉬어 버린다면 무슨 의미가 있을까요? TV나 영화 같은 '영상'으로 데뷔한 배우가 '부자연스러운 연기는 싫다'며 발성 훈련을 하지 않고 무대에 올랐다가 목소리가 쉬는 경우도 자주 봅니다.

사실 발성 훈련은 무대뿐 아니라 영상 연기에서도 필요합니다. 큰 소리로 끊임없이 이야기하는 장면이나 연설 장면 등 여러 장면에서 필요하지요. 제대로 훈련을 받으면 이럴 때 자기가 원하는 만큼 큰 소리를 내면서도 목은 쉬지 않습니다.

그런데 영상에 어울릴 법한 작은 목소리에도 잘 들리는 목소리와 그렇지 않은 목소리가 있습니다. **작지만 잘 들**

리는 목소리와 **작아서 잘 들리지 않는 목소리**입니다. 두 배우가 같은 성량으로 이야기를 하는데, 한쪽 말은 잘 알아듣겠는데 다른 한쪽이 하는 말은 귀를 쫑긋 세우지 않으면 무슨 소리인지 좀처럼 알 수 없는 경우가 있지요? 이는 음향 스태프의 기술 탓만은 아닙니다.

발성 훈련은 그 차이를 알고 조절하기 위해 하는 것입니다. 큰 목소리를 내는 것만이 목적이라면 발성 훈련은 의미가 없습니다.

그런데 아나운서 같은 목소리를 올바른 발성이라고 여기는 사람이 많기에 굳이 짚고 넘어가겠습니다. 그런 목소리는 감정을 억누르면서 뉴스를 정확히 읽을 때는 최적의 목소리입니다. 그러니 예능 프로그램에서 웃고 떠들 때는 어울리지 않겠죠. NHK 아나운서가 열심히 웃기려는 장면을 볼 때면 왠지 안쓰럽습니다. 그 목소리가 일상의 우스꽝스러운 이야기를 표현하기에는 너무도 진지하기 때문일 겁니다.

진짜 실력 있는 아나운서는 상황에 따라서 목소리를 나누어 쓸 수 있습니다. 뉴스를 읽는 목소리와 즐거운 이야기를 하는 목소리는 당연히 다르다는 사실을 체득했기 때문이겠죠. 뉴스를 읽는 목소리를 내고 싶다고 느낄 때 맞춤하게 그 목소리를 내는 것이 바로 올바른 발성입니다.

훈련에 들어가기 전에 한 가지만 더 확인해 두겠습니다. '올바른 발성'이란 자신의 감정이나 생각을 제대로 표현하는 '목소리'를 내는 것입니다. 그러므로 **'올바른 발성'이란 고정된 단 하나가 아닙니다.** 우리 감정이나 생각이 딱 하나로 고정된 것이 아니라는 사실과 일맥상통합니다.

'잘 쉬지 않고 낭랑하고 울려 퍼지는 목소리'라는 오직 하나의 발성이 목표라면 발성 훈련은 오히려 해롭습니다. 목소리의 무한한 가능성을 죽여 버리기 때문입니다. 이 경우 훈련을 받지 않는 편이 낫습니다.

발성 훈련은 내가 지닌 목소리의 가능성을 넓히기 위한 도구입니다.

II

발성에 필요한 다섯 가지 요소

⊙

실제 훈련에 들어가기에 앞서 '발성에 필요한 다섯 가지 요소'를 소개하겠습니다.

1. 절대로 조바심 내지 말 것

2. 목, 어깨, 가슴, 무릎 등에 괜한 긴장을 하지 말 것

3. 배로 목소리를 지탱할 것

4. 목소리는 앞으로 뻗어 나가도록 할 것

5. 머릿속에 목소리의 벡터를 그릴 것

한 가지씩 차례로 설명해 나가겠습니다. 먼저 1번입니다. 발성이 잘 안 된다고(즉 생각했던 목소리가 나오지 않는다고) 애를 태우거나 조급해하지 마세요. 당장 일주일 뒤에 실전에 임해야 한다고 해도 말입니다. 그랬다간 목에 힘이 들어가고 목소리가 곧잘 쉬게 됩니다. 너무 열심히, 진지하게 발성하려다 보니 여유가 없어진 거죠. 서두르거나 조바심 내는 것은 발성의 가장 큰 적입니다.

서두르지 마세요. 마음을 가라앉히고 몸에 힘을 빼고 훈련하세요.

초조한 마음에 갑자기 훈련을 그만두지 말고, 한 걸음 한 걸음 착실히 앞으로 나아가세요. 그게 바로 지름길입니다. 그럼 슬슬 훈련에 들어가 볼까요. 나머지 네 가지 요소는 훈련법과 함께 설명하겠습니다.

2인 1조 훈련입니다. 훈련자 A는 하늘을 보고 똑바로 눕습니다. 파트너 B는 누워 있는 상대방의 배와 가슴을 관찰합니다.**[그림 1-1]**

A는 누운 상태에서 코로 천천히 숨을 마신 후 입으로 천천히 뱉습니다. 목표는 **복식호흡**입니다. 천천히 코로 들이마신 숨을 가슴이 아닌 배, 그것도 배 아래쪽에 넣는다고 상상하세요. 배꼽 부근에 커다란 주머니가 있고, 숨을 들이마실 때마다 그 주머니가 공기로 빵빵하게 차오른다고요. 배의 피부를 최대한 팽팽하게 부풀리는 그림을 떠올리면 효과적입니다.

'누우면 누구나 복식호흡을 하게 된다'고 설명하는 책도 있는데, 틀린 말입니다. 누워서도 가슴을 움직여 호흡하는 사람이 있습니다. **흉식호흡**이지요. 어깨가 움직이는 **견**

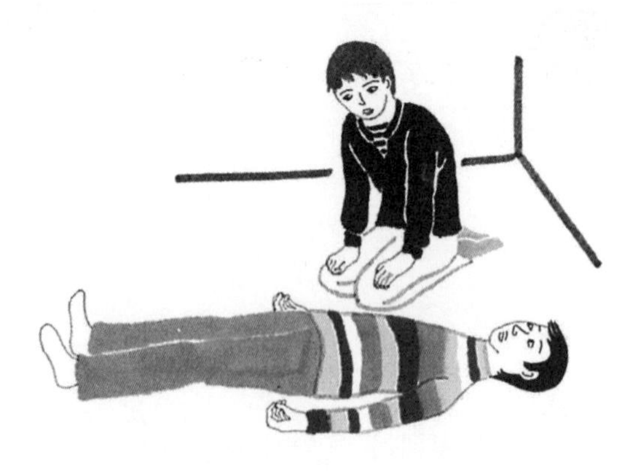

[그림 1-1] B는 누워 있는 A의 가슴과 배를 관찰한다.

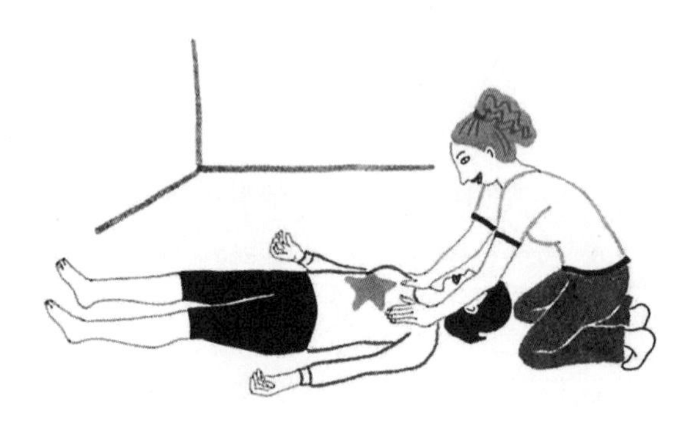

[그림 1-2] B는 A를 관찰하다가 가슴이 움직이면 가볍게 눌러 준다.

식호흡을 하기도 합니다.

B는 한동안 누워서 호흡하는 A를 관찰하다가, 가슴이 움직이는 것 같으면 가슴 위에 가볍게 손을 대고 가슴이 움직이지 않도록 살짝 눌러 줍니다.(어깨가 움직이면 어깨를 누릅니다.) 가슴이나 어깨가 움직인다면 A는 숨이 배꼽 아래쪽으로 들어가는 상상을 더 열심히 합니다.**[그림 1-2]**

그다음 B는 A를 옆쪽에서 보면서 숨을 들이마실 때 배의 어느 부분이 가장 높이 올라가는지 관찰합니다. 가슴이 아니라 배가 가장 높이 올라가는 사람은 복식호흡의 첫 걸음을 내디딘 셈입니다.

가장 높이 올라가는 부분이 **단전**이라면 더욱 좋습니다. 단전에 관해서는 나중에 자세히 설명하겠지만 위치는 배꼽에서 주먹 하나쯤 아래에 있는 부분입니다. 배가 올라가더라도 배꼽 윗부분이 올라갈 것 같지만, 아닙니다. 그보다 더 아래, 배꼽에서 주먹 하나 내려간 부분이 가장 높이 올라간다고 머릿속으로 그려 보세요. 생각보다 훨씬 아래쪽에 있습니다.**[그림 1-3]**

어느 정도 관찰하고 나면 교대합니다. 그때 B는 A에게 가슴이나 어깨가 움직였는지, 배가 가장 높이 올라갔는지, 배의 어느 부분이 올라갔는지 알려 주세요. 가슴이 배

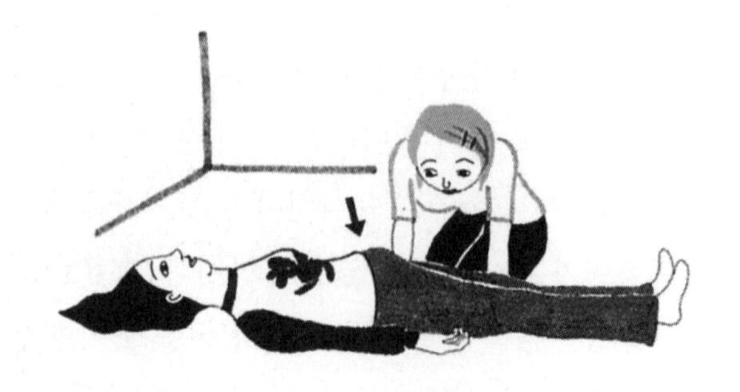

[그림 1-3] 배가 가장 높이 올라가는 지점을 관찰한다.

보다 높이 올라갔다고 초조해할 필요는 없습니다. 흉식호흡을 하고 있을 뿐이니 그걸 복식호흡으로 바꾸면 됩니다. 그러기 위해 훈련을 하는 겁니다.

훈련자는 일단 편안하게 천천히 코로 숨을 들이마셔서 배 아랫부분에 넣은 다음 서서히 입으로 내뱉으면 됩니다.(관찰 훈련은 매번 하는 것이 아니고, '발성 훈련'을 시작할 때 몸 상태를 확인하려는 훈련입니다. 지금까지 자기 방식으로 발성해 온 사람도, 앞으로 발성을 시작하는 사람도 자기 몸 상태부터 알아야 합니다.)

▲ 주의사항

훈련법을 소개한 다음에는 주의사항을 덧붙일 텐데요, 처음에는 주의사항에 신경 쓰지 않아도 됩니다. 머리로 이해하는 것보다는 실제로 해 보는 것이 중요하니까요. 다만 머리로 이해함으로써 '목소리'나 '몸'이 더욱 쉽게 달라진다면 읽어 보세요.

Ⓐ 복식호흡과 흉식호흡은 어떻게 다른가요?

발성 하면 복식호흡이라고들 하죠. 왜 흉식호흡은 안 될까요? 이를 이해하려면 애초에 우리가 어떻게 호흡하는지부터 생각해 봐야 합니다.

호흡은 폐에 공기를 넣는 것입니다. 당연한 말이죠. 그런데 문제는 폐가 자동으로 공기를 넣거나 빼지 않는다는 사실입니다. 폐 자체는 공기를 들이마시거나 내뱉는 힘이 없습니다. 폐를 둘러싼 주변이 부풀거나 쪼그라들면서 결과적으로 폐에 공기를 넣고 빼는 거죠.

의학적·해부학적 설명을 갑자기 장황하게 늘어놓으면 오히려 이해하기 힘들 수도 있으니, 여러분이 꼭 이해했으면 하는 부분만 설명하겠습니다. 실제로 발성, 공명, 호흡 등의 메커니즘은 의학적으로 논쟁이 되는 부분도 있습니다. 너무 자세히 설명한다면 도리어 혼란스러워질 수도 있습니다.

중요한 것은 목소리에 대해 적절한 이미지를 갖는 일입니다. 목소리는 타고난 기질뿐 아니라 그때그때의 몸과 정신 상태에 민감하게 반응합니다. 바로 이 기질, 몸과 정신 모두를 통합하고 조정하기 위해 가장 필요한 것이 '올바른 이미지'입니다.

'폐 자체가 움직이며 호흡하는 것이 아니'라는 사실은 호흡의 올바른 이미지를 그리는 데 효과적입니다.

폐는 주위의 흉곽 그리고 가슴과 배를 나누는 근육막인 횡격막과 연결되어 있습니다. 흉곽이 넓어지면 흉곽과 이어진 폐도 넓어지고, 폐가 넓어지면 폐의 용적이 늘어나서 그리로 공기가 들어옵니다.**[그림 1-4]** 이때 흉곽을 넓혀서 공기를 넣는 방법이 흉식호흡입니다. 횡격막을 낮춤으로써 폐를 넓혀서 공기를 넣는 방법이 복식호흡이고요.

복식호흡으로 배가 부풀어 오르는 것을 두고 폐가 넓어졌다고 생각할 수도 있지만, 그렇지 않습니다. 횡격막이 내려가면 위나 간 등의 내장도 내려가기 때문에 배가 부풀어 오르는 거죠. 그러므로 횡격막이 아래로 내려가면 갈수록 배 아랫부분이 부풀어 올라서 폐에 많은 공기가 들어갑

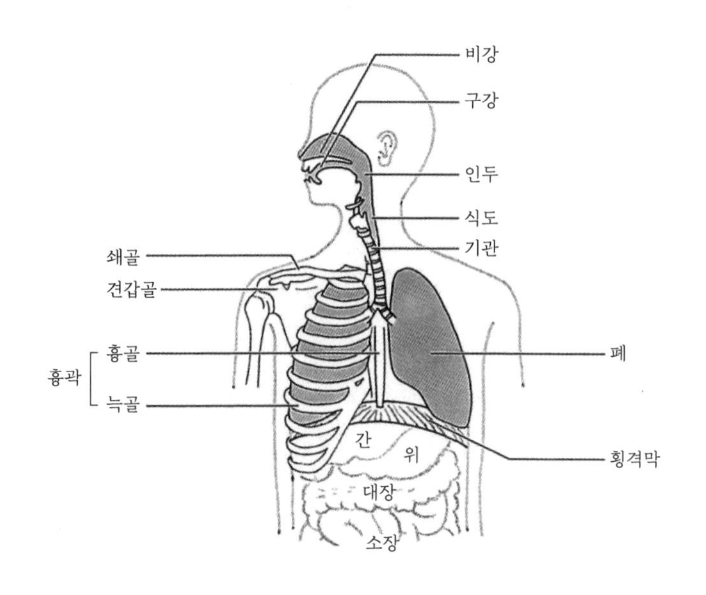

[그림 1-4]

니다.

발성할 때 복식호흡이 좋은 이유는 흉식호흡보다 복식호흡이 들이마시는 공기의 양이 더 많기 때문입니다. 물론 그 밖에도 흉식호흡(또는 견식호흡)을 하면 어깨가 오르락내리락하거나 가슴이 움직여서 겉모습에 영향을 준다는 이유도 있습니다. 연극 무대를 떠올려 볼까요. 등장인물이 무척 큰 동작으로 연기한 뒤에 암전이 되었고, 곧이어

사흘 뒤 이야기가 시작된다고 칩시다. 흉식호흡을 하면 어깨나 가슴이 움직이므로 직전의 큰 동작이 배우의 몸에 드러날 수밖에 없죠. 관객은 '사흘이 지났다는데 저 배우는 왜 저렇게 헉헉대?' 하고 갸웃거릴 테고요.(엄밀히 말하면 어깨가 오르락내리락하는 것은 견식호흡입니다. 견식호흡을 할 때는 쇄골 주변을 오르락내리락하면 폐에 공기를 넣을 수 있습니다. 임신해서 배가 커진 여성이 횡격막을 내리지 못하고 어깨로 숨을 쉬는 것이 전형적인 예입니다.)

복식호흡은 배 아랫부분에서 깊이 호흡하고 있으므로 겉으로는 잘 드러나지 않는다는 이점이 있습니다. 더욱이 한 번에 호흡하는 양이 많기에 몸이 자연스러운 상태로 재빨리 돌아갈 수 있습니다.

또한 복식호흡은 '배로 목소리를 지탱한다'(발성에 필요한 세 번째 요소로 뒤에 나올 겁니다)는 것을 의식하기가 쉽습니다. 흉식호흡이나 견식호흡을 하면 가슴이나 고개 등이 쉽게 긴장한다는 단점이 있습니다.

흉식호흡이나 견식호흡이 무조건 안 좋다는 건 아닙니다. 그저 폐를 부풀려서 공기를 넣는 방법, 즉 호흡 중에 흉식호흡도 있다는 말입니다.

❸ 복식호흡을 하려면 어떻게 해야 하나요?

일상에서 의식적으로 훈련하는 방법도 알려 드리죠.

교통 신호를 기다릴 때나 책상에서 일하다가 (배 아랫부분을 의식해서) 깊이 호흡합니다. 가벼운 운동을 한 다음 의식적으로 배에 숨을 넣는 방법도 있죠.(다만 격한 운동 후에는 금물입니다. 어깨나 가슴의 움직임을 억누르며 억지로 배에 숨을 넣으려고 하면 산소 결핍증이 올 수도 있습니다.)

참고로 긴장하거나 초조해지면 호흡이 얕아져 어깨나 가슴이 움직이는 흉식 및 견식호흡이 많이 나타납니다. 그럴 때 배로 천천히 호흡하면 자연스럽게 안정을 되찾는 효과가 있죠.

복식호흡을 하려면 똑바로 눕는 것부터 시작해야 합니다. 그런 다음 순서대로 해 나가면 됩니다.

❹ 숨은 코로 들이마시고 입으로 뱉나요?

훈련할 때는 코로 들이마시고 입으로 뱉어야 합니다. 하지만 실제로 목소리를 낼 때는 의식하지 말고 그냥 잊어야 합니다.

발성 레슨을 많이 받으면 실전에서도 무조건 코로 숨

을 들이마시려고 의식하기도 합니다. 그러나 '헙' 하고 숨을 삼키면 정작 몸은 자연스럽게 코가 아닌 입으로 '습' 하고 들이마시게 됩니다. 입으로 숨을 삼키면서 동시에 코로 들이마시는 것은 부자연스럽습니다. 직접 해 보면 금방 알 수 있죠. 가령 "범인은 이 안에 있어요!" 같은 대사를 한 다음 모두가 "헙!" 하고 숨을 삼키는 장면을 연기해 보세요.

한편, 코로 숨을 들이마시면 입으로 들이마실 때보다 호흡이 깊어지고 마음도 차분해집니다. 더욱이 입으로 들이마시면 떠다니는 먼지가 직접 들어오지만, 코로 들이마시면 코털이나 점막이 먼지를 막아 줍니다. 또한 겨울철 난방을 튼 실내에 있다가 갑자기 추운 바깥으로 나왔을 때, 한여름 바깥에 있다가 지나치게 냉방을 튼 실내에 들어갔을 때와 같이 급격한 온도 변화는 목에 매우 좋지 않습니다. 그럴 때 입으로 숨을 쉬면 찬 공기가 목에 곧바로 닿습니다. 하지만 코로 숨을 쉬면 들이마시는 공기의 습도와 온도가 적절하고 일정하게 유지됩니다.

이 훈련의 목적은 쓸데없는 근육의 긴장을 없애고 반듯하게 누워 코로 숨을 들이마시는 것입니다. 그러면 점점 차분해지고 호흡이 깊어집니다.

그러나 실전에서는 이런 정보는 다 잊으세요. '몸'이

알아서 판단해 줄 겁니다. 몸의 판단은 정확하거든요.

D 코로 천천히 들이마신 다음 숨을 멈춰야 하나요?

그렇게 지도하는 발성 강사도 있습니다. 호흡을 한 번 멈추는 까닭은 들숨과 날숨을 더 잘 의식해서 날숨을 더욱 정교하게 조절하기 위해서일 겁니다.

그러나 저는 그 방법을 쓰지 않습니다. 호흡을 멈출 때 몸에 힘이 들어가는 것을 피하기 위해, 호흡을 멈추는 것이 버릇이 되지 않도록 하기 위해서입니다. 숨을 들이마시고 다시 뱉는 것, 이 두 가지 리듬이라고 생각합시다. 어느 쪽이 옳고 그르냐를 따지기보다는 나에게 맞는 방법을 택하면 됩니다. 다만 숨을 멈출 때는 절대로 힘을 주지 마세요.

세상에는 수많은 발성 지도법이 있습니다. 저는 "같은 산 정상을 목표로 올라가지만 가는 길은 제각기 다른 것과 마찬가지"라고 설명합니다. 나에게 맞는 길(방법)을 찾으세요. 길이 틀리지 않았다면 어디에서 오르든 '올바른 발성'이라는 정상에 다다르는 법입니다.

이 길이 맞는지는 스스로의 목소리와 몸으로 판단해야 합니다. 틀린 길을 고집하면 목소리나 몸에서 반드시 비명이 터져 나올 겁니다. 그 비명에 민감해져야 합니다.

그리고 이 주의사항처럼 글로 된 '지식'을 익히세요. 머리로 이해하고 있으면 몸도 차차 변하게 됩니다.

Ⓔ 숨 쉴 때 가슴이 움직여서 파트너가 눌러 주는데요.

누워서 흉식호흡을 하는 바람에 파트너가 가슴을 살짝 눌렀다면 그 감각을 즐기라고 말하고 싶군요. 가슴이 눌리면 '흉곽을 넓혀서 폐를 넓히는' 호흡이 어려워지기 때문에 횡격막이 내려갈 가능성이 있습니다. 그러면 배가 불룩 올라가겠죠. 그 감각을 기억해 두어야 합니다.

하지만 그게 아니라 단지 숨쉬기 힘들어졌을 뿐이라면 누르기를 당장 그만두어야 합니다. 세게 누르면 절대 안 됩니다. 차차 훈련을 통해 흉식호흡이 복식호흡으로 바뀌면 해결되는 문제입니다.

Ⓕ 복식호흡만을 지향해야 하나요?

지금 단계에서는 꽤 어려운 질문이군요. 이제 첫발을 뗀 단계에서는 대답이 망설여지지만, 제대로 훈련을 이어 가리라 믿고 답을 드리겠습니다.

앞서 올바른 발성이란 '내 감정과 생각을 오롯이 표현할 수 있는 목소리를 내는 것'이라고 말했지요. 모든 것은 여기서 시작해 여기서 끝납니다.

예컨대, 엄청나게 긴 대사를 해야 하는 상황입니다. 어떻게든 단숨에 말하고 싶겠죠. 중간에 쉬지 않고 속사포처럼 쏟아 내서 상대를 압도하고 싶을 겁니다. 그러기 위해서 복식호흡으로 숨을 들이마셨습니다. 이 이상은 들이마실 수 없을까요?

지금, 시험 삼아 배로 숨을 들이마셔 보세요. 복식호흡입니다. 그리고 그대로 숨을 멈추고 가슴을 열어서 이번에는 흉식호흡으로 들이마셔 보세요. 그렇죠, 더 들이마실 수 있습니다. 그대로 멈춰서 이번에는 어깨를 올리고 견식호흡으로 들이마셔 보죠. 그래요, 이번에도 들이마실 수 있을 겁니다.(매우 어려운 실험이므로 아직 복식호흡을 제대로 하지 못한다면 물론 안 하는 편이 좋습니다.)

이만큼의 숨의 양이 필요하다면 복식호흡만으로는 충분치 않습니다. 올바른 발성을 위해서는 복식호흡에 더해 흉식호흡(이 두 가지를 합쳐서 '전체호흡'이라고 표현하기도 합니다)이나 견식호흡이 필요할 때도 있습니다. 또한 복식호흡을 할 때도 흉곽의 아랫부분은 부풀어 있으므로 복식호흡과 흉식호흡을 엄밀하게 나누는 것은 불가능합니다. 그러니 기본은 복식호흡, 거기에 흉식호흡이 더해진다고 생각하면 됩니다.

다만 훈련은 복식호흡에 초점을 맞추어 진행합니다. 호흡을 지각하는 가장 확실한 방법이니까요.

이번에는 관찰하던 파트너도 함께 눕습니다. 둘 다 똑바로 하늘을 보고 눕는데 너무 딱딱한 바닥은 좋지 않습니다. 누워 있다 보면 아프거든요. 마룻바닥처럼 딱딱한 곳이라면 담요 등을 깔고 훈련하세요. 또 너무 무른 침대도 좋지 않습니다.

똑바로 누웠을 때 억지로 발끝을 모으려 애쓰지 말고, 양발을 편안하게 바깥으로 벌립니다.**[그림 2-1]** 그리고 코로 천천히 숨을 들이마신 다음 입으로 서서히 내뱉습니다. 앞니 뒤쪽에 부딪치듯 내뱉은 숨이 그곳으로 새어 나가는 느낌입니다. 바람이 새는 듯한 작은 소리가 날 겁니다.

공기가 새는 소리, 즉 S음만 나오게 합니다. 천천히 숨을 코로 들이마시고 입으로 내뱉습니다. 들이쉴 때든 내쉴 때든 몸은 그 어느 곳도 긴장해서는 안 됩니다.

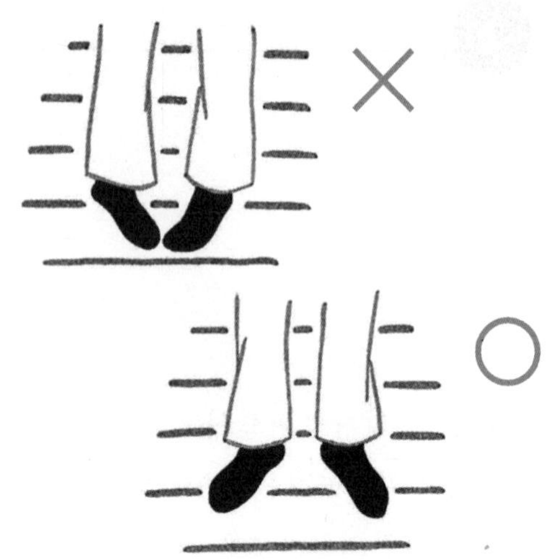

[그림 2-1]
발끝을 모으지 말고
바깥쪽으로 편안하게 벌린다.

들이마시는 시간은 사람에 따라 다르지만 몇 초에서 십 초쯤 걸릴 겁니다. 너무 천천히 들이마시면 몸에 힘이 들어갑니다. 특히 가슴이나 목에 힘이 들어가기 쉽습니다.

숨을 내뱉을 때는 조금씩 나누어 천천히 내뱉어야 합니다. 들이마시는 시간보다 내뱉는 시간이 길어지도록 천천히 늘려 갑니다.

이때 턱이나 입술에서도 힘을 뺍니다. 소리를 내면서 입술을 뾰족하게 내밀거나 턱이나 볼에 힘이 들어가면 안

[그림 2-2] 턱에 힘이 들어간다면 턱을 마사지해 준다.

됩니다. 힘이 들어갔다고 느끼면 누운 채로 양손으로 부드럽게 턱을 마사지합니다. 평소 말할 때 볼이나 턱에 힘이 들어가는 사람에게 추천하는 마사지입니다.**[그림 2-2]**

편하게 힘을 빼면 입이 조금 벌어질 겁니다. 그 사이로 S음이 새어 나가는 것이 좋습니다. 숨을 배 아랫부분으로 넣는다는 느낌으로 들이쉽니다. 한 번 들이쉴 때마다 점점 깊이(배 아래로) 숨을 넣는다는 생각으로요.

이 호흡을 여러 번 반복합니다.(3–5회가 기준이지만 좀 더 하고 싶다면 30분간 해도 됩니다.)

▲ **주의사항**

A '스'가 아닌 'S'란 무슨 소리인가요?

우리가 훈련하는 소리는 '스'가 아니라 'S'입니다. 매우 중요한 내용이므로 좀 자세하게 설명하겠습니다.

'스'는 'S'라는 자음과 'ㅡ'라는 모음이 합쳐진 발음입니다. 모음을 발음하면 성대가 떨립니다. 목에 손을 대고 '으'라고 발음해 보세요. 성대가 떨리는 것이 느껴지죠? '스'라고 발음해도 성대가 떨립니다. 이것은 '스'에서 모음 'ㅡ' 발음 때문입니다.

소리에 민감한 분이라면 '스'의 'S'를 발음할 때 성대가 떨리지 않는다는 사실을 깨달았을 겁니다. 'S'는 무성자음으로 성대가 떨리지 않는 소리입니다. 앞니에서 숨이 새어 나가기만 하는 소리로, 마찰음이라고 합니다.

그러므로 똑바로 누워서 '스'가 아니라 'S'라고 소리 내야 합니다. 글로 보니 어려워 보이지만 실은 간단합니다. 앞니(특히 윗니) 뒤에 공기를 갖다 대기만 하면 됩니다.

B 그렇다면 왜 '스'가 아니라 'S'일까요?

다들 이 부분을 궁금해하시면 좋겠는데요. 올바른 발

성이란 **감정과 생각을 오롯이 표현할 수 있는 목소리를 내는 것**이라고 했죠? 그러려면 '목소리'에 의문을 가지고 자각하는 것이 가장 중요하기 때문입니다.

그렇다면 '호흡'에 이어 '발성'의 기본적인 것을 확인해 볼까요? 소리란 왜 나는 걸까요?

먼저 얼굴 단면도를 보시죠.**[그림 2-3]** 폐에서 나온 공기는 기관을 지나 성대 사이를 빠져나갑니다.**[그림 2-4]**

성대는 쉽게 말하면 닫히거나 열리거나 하는 문 같은 것으로, 근육과 표면은 점막으로 이루어져 있습니다. 평소에는 열려 있어서 아무런 저항 없이 공기가 통과하는데, 소리를 내려고 하면 닫히거나 열리거나 하면서 공기를 통과시켜 심하게 떨리기 시작합니다. **이 진동이 소리가 됩니다**.

노래방에서 밤새도록 소리를 지른 다음 목이 따끔거리는 것은 성대가 너무 지쳤다는 증거입니다.(정확히는 성대의 주변 근육, 즉 내후두근이지만 성대라고 생각해도 문제는 없습니다.) 성대는 근육이므로 당연히 피로가 쌓입니다. 마라톤을 뛰고 나면 다리 근육이 아픈 것처럼요.

안 쉬는 성대는 없습니다. 운동을 하고 나면 근육은 반드시 지칩니다. 그러나 반대로 생각하면 평소에 아무런 운동도 하지 않는 사람은 조금만 달려도 다리 근육이 아프지

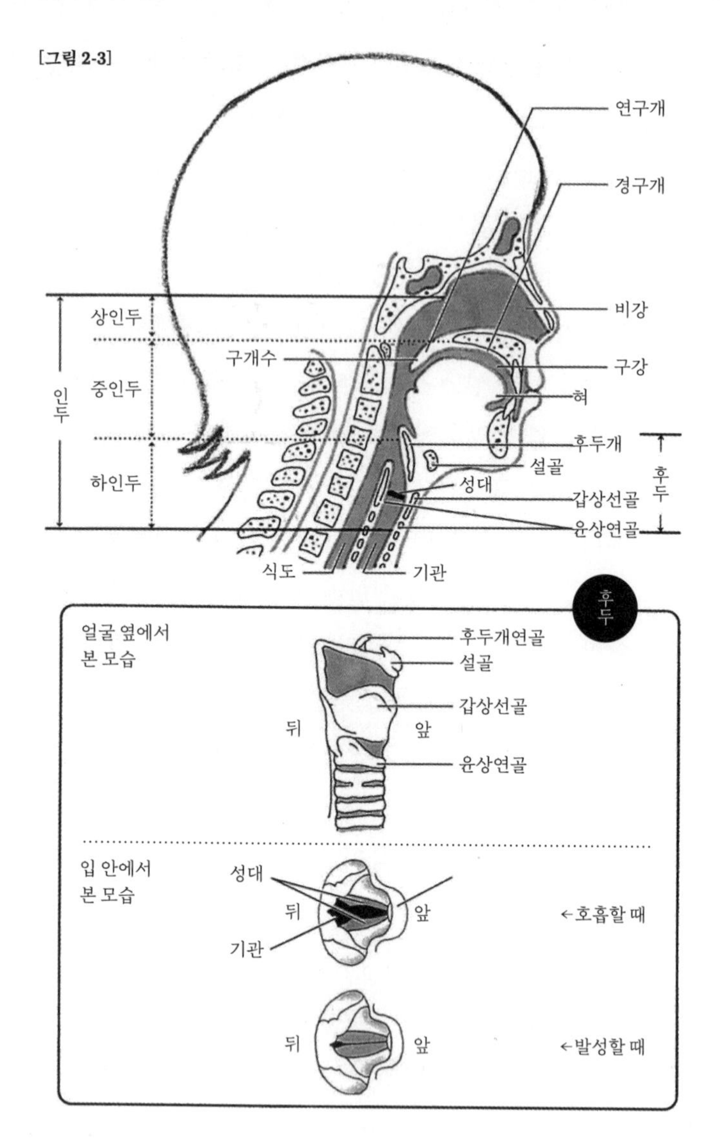

[그림 2-4] 성대는 (호흡할 때) 열리거나 (발성할 때) 닫히면서 공기를 통과시켜 심하게 떨리기 시작한다. 이 진동이 소리(목소리)가 된다.

요. 10킬로미터 마라톤을 갑자기 뛰면 다음 날 아파서 걷지도 못할 겁니다. 노래방에서 밤새 소리 지른 다음 목소리가 나오지 않게 되는 증상과 일맥상통합니다.

하지만 올림픽 출전을 목표로 훈련하는 마라톤 선수는 10킬로미터쯤 달린다고 다리에 무리가 가지는 않습니다. 오히려 다리 근육 상태가 좋아질 수도 있죠. 성대도 마찬가지입니다. 올바른 훈련을 꾸준히 한다면 성대 근육은 점점 강해집니다. 10킬로미터 마라톤, 아니 하룻밤 노래방쯤은 거뜬한 성대가 완성됩니다.

다만 주의할 부분이 있습니다. 하나는 이미 성대가 상한 경우입니다. 목이 아프거나 목소리가 갈라지거나 목소리를 내려고 할 때 쉭쉭 바람 빠지는 소리가 난다면 지금까지 무리한 성대가 이미 손상을 입었을 수 있습니다. 42.195킬로미터 마라톤을 달리려고 갑자기 무리하게 연습한 나머지 다리 근육이 모조리 고장 난 경우에 빗댈 수 있죠. 성대에 혹이나 결절이 생겼을 가능성이 있습니다.

앞서 성대는 소리를 내기 위해 격렬하게 떨린다고 했죠. 성대는 문과 같아서, 양쪽 문 두 개가 세차게 부딪쳐 소리를 냅니다. 상처가 날 수밖에 없죠. 두 손을 떨면서 부딪쳐 보면 그게 얼마나 엄청난 작업인지 알 수 있을 겁니다.

그러면 성대 일부분이 손상되어 혈액이 통하지 않는 상태가 됩니다. 그 상태에서 그 부분만 계속 부딪치면 이윽고 성대 근육에 콩처럼 뭉치는 부분이 생깁니다. 혹이나 결절이죠.

성대에 생긴 혹을 수술로 제거했다는 가수 이야기를 가끔 듣죠. 시종일관 목을 조이며 큰 소리를 계속 내야 한다면 누구든 성대에 혹이 생길 수 있습니다. 기간이 짧으면 혹이 생겼다가 없어지기도 하지만, 그런 상태를 몇 달간 방치했다가는 일이 커질 수 있습니다. 목을 조여서 성대가 부딪치는 것을 '시원하다'고 착각하거나, 목소리를 목에 부딪치지 않으면 뭔가 시원스럽지 않다고 믿은 결과입니다.

그러니 성대에 이상이 느껴지면 빨리 이비인후과 성대 전문의를 찾아가세요. 성대 사진을 찍어 주는 병원도 있습니다. 제 성대 사진입니다.**[그림 2-5]**

성대에 이상이 느껴진다면 훈련을 당장 멈추세요. 정말 큰일이 날 수도 있습니다. 다리가 이상하다고 느끼면서도 마라톤 연습을 하는 거나 마찬가지입니다.

또 한 가지, 마라톤을 하는 사람이라도, 아니 올림픽 출전을 목표로 하는 선수일수록 워밍업이 중요하다는 사실을 기억하세요. 뛰어난 선수는 자기 몸 상태를 잘 알기에

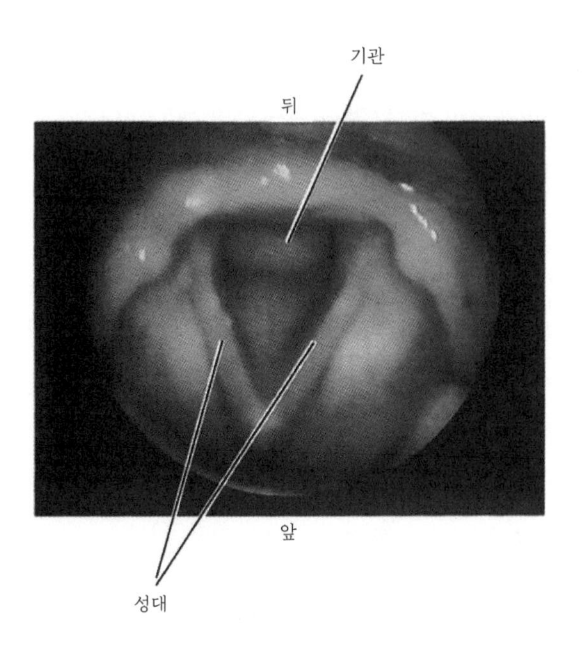

[그림 2-5]

갑자기 뛰지 않습니다. 아무리 훈련을 꾸준히 했다 해도 워밍업을 하지 않으면 큰일 난다는 사실을 알거든요.

발성 연습을 할 때도 갑자기 큰 목소리로 '앗, 엣, 잇, 웃, 엣, 옷, 앗, 옷' 하며 소리 지르지 마세요. 그런 분을 보면 얼마나 걱정스러운지 모릅니다. 워밍업을 하나도 하지 않고 갑자기 전력 질주하는 것과 똑같으니까요. 발성도 다른 스포츠와 마찬가지로 워밍업이 필요합니다.

S음 훈련이 바로 그 첫 워밍업인 셈입니다. '스'는 성대를 쓰지만, 'S'는 성대를 쓰지 않습니다. 워밍업을 위해 성대를 쓰지 않는 훈련부터 시작하는 거죠.

보다 실질적인 이유도 있습니다. 실전에서 목을 써야 하는데 목소리가 불안한 상황이라고 해 봅시다. 그때 워밍업으로 성대를 사용하는 '스' 연습을 한다면 성대는 더욱 지치고 맙니다. 하지만 그 대신 'S'로 목을 푼다면 지쳤던 성대가 쉴 수 있습니다. 쉬면서 횡격막을 움직여 복식호흡 워밍업이나 훈련을 할 수 있는 겁니다.

Ⓒ S음 훈련은 무엇을 위한 훈련이죠?

다음에 소개할 **S음 타임 훈련**에서 확실히 알려 드리죠.

훈련 3 S음 타임 훈련

역시 2인 1조 훈련입니다. 똑바로 누워서 S음 훈련을 몇 번 한 다음, 한 사람이 시계를 준비합니다. 꼭 스톱워치가 아니라도 초를 잴 수 있으면 뭐든 좋습니다. **S음 타임 훈련**의 목적은 S음 훈련 상태에서 뱉는 숨의 길이를 재는 것입니다.

단, 조건이 있습니다. 숨을 들이쉴 때든 내쉴 때든 절대로 힘을 주지 마세요. 다시 말해 가슴이나 배에 힘을 줘서 숨을 들이마셔도 안 되고, 맨 마지막 숨을 내뱉을 때 힘을 줘서 쥐어 짜내도 안 됩니다.

어린 시절 목욕탕이나 수영장에서 물속에서 숨 오래 참기 내기를 하곤 했죠. 그때는 필사적으로 숨을 들이쉬고 숨이 막히면 온몸에 힘을 주어 가며 참았어요. 하지만 이 연습은 그것과는 반대입니다. 편안하게 숨을 들이마신 다음 천천히 길게 숨을 내뱉습니다. 숨이 막히면 그 시점에서 당장 그만둡니다.

그러므로 시간을 잴 때 테크닉이 좀 필요합니다. 별안간 "준비, 시작!"을 외치면 훈련자는 그 순간 갑자기 "스읍!" 하고 숨을 들이마시게 되겠죠. 그러니까 5초 전부터 시간을 세면 됩니다. 그러면 훈련자도 자기 페이스로 천천히 숨을 마시고 내뱉을 준비를 할 수 있습니다.

"그럼, 숨을 뱉으실 분은 뱉고, 5초 세겠습니다. 5, 4, 3, 2, 1, 시작!"

초를 재면서 저는 늘 이런 식으로 말합니다. 그다음에는 "1, 2, 3, 4 ……" 1부터 다시 초를 셉니다. 그러면 훈련자는 자신이 몇 초 전에 숨을 다 뱉었는지 알 수 있습니다. 그리고 숨이 차오르기 전에 멈춥니다.

경쟁이 아닙니다. 자신의 숨을 자각하기 위한 훈련입니다. 그러므로 맨 마지막 순간, 배에 힘을 주어 온몸을 바짝 긴장한 채로 숨을 짜내는 것은 아무런 의미도 없습니다. 아니, 오히려 최악의 훈련입니다. 몸은 그 어느 곳도 긴장해서는 안 됩니다.

일단 직접 해 보세요. 평소에 훈련을 하지 않는 사람은 10여 초에서 끝날 겁니다. 10초 이내인 사람도 많고요. 괜

않아요. 내가 뱉는 숨의 길이를 파악하는 게 중요합니다.

일단 20초를 목표로 합시다. 때로는 홍수처럼 말을 쏟아 내야 할 때가 있지요. 20초간 편하게 숨을 내쉴 수 있게 되면 웬만큼 긴 말은 숨을 여러 번 들이마시지 않아도 할 수 있게 됩니다. 이상적인 목표는 30초입니다.

다시 한 번 말하지만 절대 무리하지 마세요. 숨을 들이마실 때든, 뱉을 때든 몸 어느 곳에도 힘이 들어가지 않아야 합니다.

▲ 주의사항

Ⓐ 이 훈련의 목적은 무엇인가요?

목적은 두 가지입니다. 하나는 **목, 어깨, 가슴, 무릎 등에 쓸데없는 힘이 들어가지 않도록 하는 것**입니다. 발성에 필요한 두 번째 요소였죠.

목소리가 금세 쉬거나 갈라지는 분 중에는 목이나 어깨, 그 밖의 부분에 쓸데없이 힘이 들어가는 경우가 많습니다. 우선 긴장하지 않은 상태로 숨을 들이마시고 내쉬는 감각을 '몸'으로 익혀야 합니다. **목소리를 내려 하면 몸에 자동으로 힘이 들어가는 사람이 많습니다**.

"발성 훈련을 시작하겠습니다" 하면 다리를 어깨너비

로 벌리고 긴장한 채 '자, 이제 울려 퍼지는 목소리를 내 볼까?' 하며 자기도 모르게 잔뜩 기합이 들어갑니다. 묘한 긴장감이 흐르고, 다들 '잘해야지' 마음먹고 준비 태세를 갖추곤 하죠. 이런 것이 바로 발성의 가장 큰 적입니다.

시간을 늘리는 것도 실은 어디까지나 결과입니다. '몇 초 늘려야지' 하고 마음먹으면 몸 어딘가에는 반드시 쓸데없는 힘이 들어가기 마련이죠. **S음 훈련**만 한다면 뱃속으로 깊은 호흡을 집어넣은 결과, 나른해져서 잠들어 버릴 수도 있습니다. 그것도 나쁘지 않지만, **S음 타임 훈련**을 하면 자기 몸의 긴장을 더욱 자각하며 대면할 수 있습니다.

또 한 가지 목적은 '숨의 길이'를 늘이는 것입니다. 사실 이 숨의 길이는 폐활량과 관계가 있습니다. 폐활량이 크면 숨의 길이도 긴 경향이 있지만, 반드시 그런 것은 아닙니다. 발성과 신체는 하나입니다. 폐활량이 좋은 사람이라도 몸에 괜한 힘이 들어가면 S음 타임 훈련 시간은 짧아지기 마련입니다.

또한 복식호흡을 하면서 동시에 가슴을 확 넓혀(즉 복식호흡을 '주', 흉식호흡을 '부'로 하지 않고) 가슴이나 어깨도 크게 벌린 결과(즉 흉식호흡이나 견식호흡을 제대로 한 결과)로 폐활량이 좋은 사람도 있고, 온몸이 뻣뻣하게 경직된 채로 숨을 들이마시는 것이 버릇인 사람도 있습니다. 이러면 S음 타임 훈련으로 숨이 길어진다 해도 실전에서 효과적으로 쓸 수 없습니다. 안타깝죠.

우리의 목표는 오페라 가수나 수영 선수가 되는 게 아닙니다. 욕심부리지 말고 처음 기준은 20초, 목표는 30초로 삼으면 충분합니다. '숨의 길이'에 너무 집착하지 마세요.

Ⓑ 왜 몸에 힘이 들어가면 안 되나요?

특히 목이나 어깨에 힘이 들어가면 목소리가 잘 쉬기 때문입니다. 이는 성대와 연관이 있습니다. 목소리에 힘이 들어가면, 다시 말해 목을 쥐어짜면 성대의 문 두 짝이 격렬하게 부딪칩니다. 그러면 성대가 상하고 목이 쉽니다. 다른 부분에 힘이 들어가는 것은 공명과 관계가 있는데요, 이건 나중에 설명하겠습니다.

Ⓒ S음 타임 훈련은 몇 번 해야 하나요?

1일 3회가 기준입니다. 그 이상 해도 큰 효과는 없고요, 날마다 빠짐없이 훈련을 지속하는 것이 중요합니다. 발성 훈련을 할 때가 아니라도 잠자리에 들기 전이라든지 시

[그림 3-1] 가슴 아랫부분에 손을 대고 호흡에 맞춰 넓히거나 좁힌다.

간을 정해 규칙적으로 하면 매우 좋습니다.

D 좀처럼 시간이 늘지 않아요.

고전적인 훈련법 가운데 누워서 흉곽 아래, 즉 늑골 아랫부분에 손을 대고 호흡에 맞춰 넓히거나 좁히는 방법이 있습니다.**[그림 3-1]** 이때 힘을 줘서 억지로 하면 절대 안 됩니다. 숨을 뱉을 때 가볍게 손을 대고 흉곽을 누르세요.

복식호흡을 할 때 흉곽 아랫부분이 넓어지는 것을 실감하는 데에 좋은 훈련입니다. 그런데 일부러 훈련법에 포함시키지 않은 까닭은, 이것은 자각하기 위한 훈련일 뿐 그 자체를 목표로 삼을 필요는 없기 때문입니다. 흉곽을 억지로 움직이면 숨이 길어진다는 생각에 이 훈련을 강행해서는 안 됩니다. 이 훈련은 복식호흡을 하면 흉곽 아랫부분이 확실히 넓어진다는 것을 자각하는 훈련이지 억지로 힘을 줘서 흉곽을 누르는 훈련이 아니니까요.

사실, 호흡 시간을 확실히 늘려 주는 것은 다음에 나오는 **사이드(백) 훈련**입니다.

복식호흡을 하면 배의 정면만 부풀어 오른다고 많이들 생각하는데요, 아닙니다. **옆구리와 뒤쪽도 부풀어 오릅니다.** 30초까지 도저히 숨이 이어지지 않는 사람은 양 옆구리나 뒤를 전혀 의식하지 않는 사람입니다.

이번 훈련 방법은 세 가지입니다.

(A) 무릎 세우기

똑바로 누워서 무릎을 세웁니다. 그대로 왼쪽이든 오른쪽이든 한쪽으로 다리를 넘어뜨립니다. 그대로 S음 훈련에 들어갑니다. 왼쪽으로 무릎을 넘어뜨렸다면 오른쪽 옆구리가 부풀어 오르는 것을 의식하게 됩니다.**[그림 4-1]**

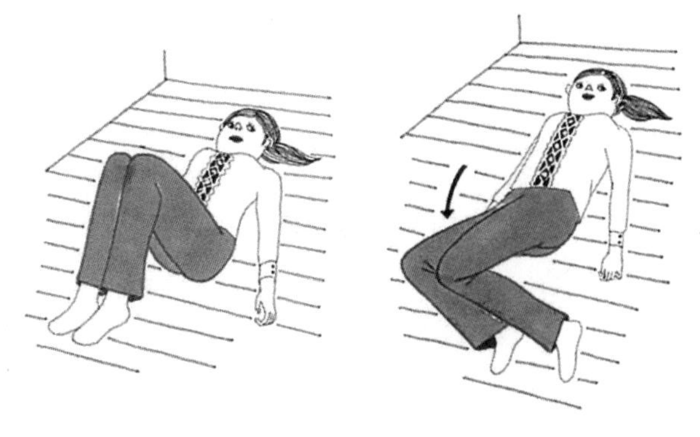

[그림 4-1] 똑바로 누워서 무릎을 세운 다음 한쪽으로 다리를 쓰러뜨린다.

(B) 기도 자세

무릎을 꿇고 앉아 기도하듯 상체를 앞으로 숙입니다. 배와 허벅지가 붙는 느낌입니다. 그대로 S음 훈련에 들어갑니다. 파트너 B가 훈련자 A의 옆구리에 손을 대고 있으면 양쪽 옆구리가 팽창하는 것이 느껴질 겁니다.**[그림 4-2a]** 무릎 세우기 훈련에서 느끼지 못했어도 이 훈련에서는 놀랄 만큼 옆구리가 부풀어 오르는 것을 확실히 의식할 겁니다. 그 자세에서 코로 숨을 들이마시고 천천히 입으로 내뱉는 S음 훈련을 하세요.

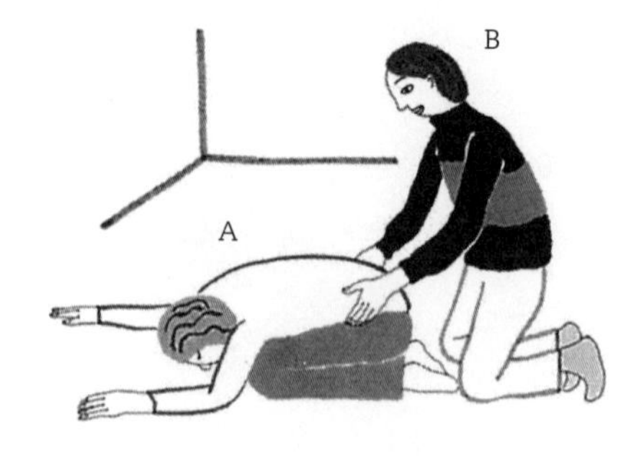

[그림 4-2]

(a) 옆구리에 손을 댄다.

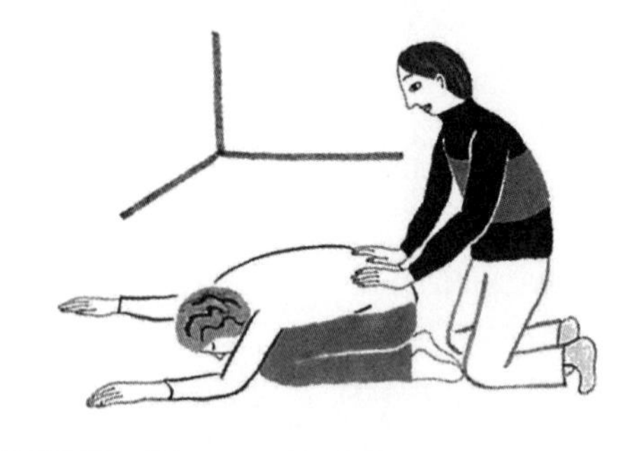

(b) 등 아랫부분에 손을 댄다.

이어서 B는 등 아랫부분으로 손을 옮깁니다. 딱 배꼽 뒤쪽에 해당하는 위치입니다.**[그림 4-2b]** A는 바로 그곳을 부풀린다고 상상하며 호흡합니다. 옆구리에 비하면 조금 어렵지만 천천히 숨을 들이마시면서 등 아랫부분(허리 부분)을 부풀린다고 상상하면 됩니다. 조금씩이지만 부풀어 오르는 것이 느껴질 겁니다.

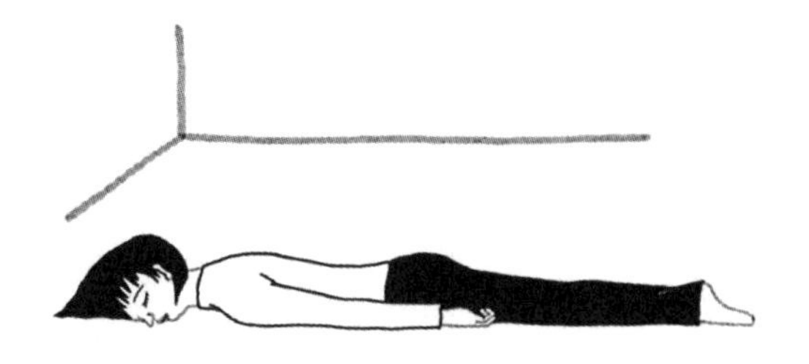

[그림 4-3] 엎드려서 S음 훈련을 한다.

(C) 엎드리기

엎드린 자세로 S음 훈련을 합니다. 고개는 좌우 어느 쪽이든 편한 쪽으로 하고, 옆구리와 등의 팽창을 느껴 보세요.**[그림 4-3]**

이 세 가지 가운데 하나만 해도 충분합니다. 이 훈련들은 복식호흡을 할 때 배뿐만 아니라 **몸통 전체가 부푸는 것**을 의식하는 훈련입니다. S음 타임 훈련에서 무리 없이 30

초 이상 이어 간다면 몸통 전체를 한껏 부풀릴 수 있다고 보면 됩니다. 이 훈련을 계속하면 몸통 주변이 풀어져서 넓히기 쉬워집니다.

▲ 주의사항

Ⓐ 훈련은 몇 번 해야 하나요?

기준은 3-5회, 할 만하면 더 해도 됩니다. 자기 몸은 자기가 컨트롤하는 거니까요.

Ⓑ 서서 할 수도 있을까요?

서서 하는 것이 목표입니다. 일상생활을 하다가 양 옆구리에 손을 갖다 대 보세요. 서서 코로 천천히 숨을 들이마시고 양 옆구리가 부푸는 것을 느껴 보세요. 익숙해지면 제대로 부풀어 오를 겁니다.

이제 S음에서 Z음으로 옮겨 가겠습니다. Z음도 입 모양은 S음과 같습니다. 윗니가 진동하여 간질간질한 느낌이 들 겁니다. 성대도 진동하지만 앞니 쪽이 더 떨리는 것을 의식하세요.

그대로 성대가 아니라 주로 앞니가 떨리도록 진동 위치를 앞으로 이동시켜 보세요. 말로 설명하면 어려워 보이지만 실제로 해 보면 의외로 쉽답니다.

(A) 똑바로 눕기

S음 훈련과 마찬가지로 똑바로 누워서 깊게 숨을 들이마십니다. 숨을 내뱉을 때 이번에는 Z음을 냅니다. 내뱉는 도중에 시험 삼아 머리를 바닥에서 살짝 들어 올려 보세

요. 목에 힘이 들어가면 소리를 내기가 얼마나 괴로운지 알 수 있을 겁니다.

(B) 앉기

바닥에 앉아서 Z음을 내 봅니다. 너무 오래 누워 있으면 몸이 풀어질 수 있습니다. S음 훈련을 통해 몸이 편해졌다면 그 감각을 살려 이번에는 앉아서 해 봅니다.

(C) 걷기

이제 일어납니다. Z음을 내면서 걷습니다. 익숙해지면 점점 빠르게 걷습니다. 이때도 몸 어디에도 쓸데없는 힘이 들어가지 않도록 주의하시고요. 달릴 때는 달릴 때 필요한 만큼의 힘만 들이는 것처럼요. 목이나 가슴, 어깨에 쓸데없이 힘을 주면 안 됩니다. 힘이 들어가 있다고 느낀다면 다시 천천히 걷거나, 앉거나, 똑바로 눕습니다.

이제 Z음을 내면서 달리기도 하고 걷기도 하고 앉기도 하면서 다양하게 시도해 보세요. 몸 어느 곳에도 불필요한 힘이 들어가서는 안 됩니다.

눕기, 앉기, 걷기 훈련을 꼭 다 할 필요는 없습니다. 몸 상태에 따라 한두 가지씩만 해도 됩니다. 훈련 목표는 종종 걸음 칠 때도 걸을 때도 앉을 때도 똑바로 누워서도 Z음을 내면서 어디에도 쓸데없는 힘이 들어가지 않는 몸을 만드는 것입니다.

▲ **주의사항**

● 왜 Z음일까요?

제가 생각하는 발성 훈련은 **소리를 내기 전에 일단 정성스레 점검하는 것**입니다. 발성에 문제가 있는 분들을 보면 우선 서두른다는 인상이 강하게 듭니다. 갑자기 목소리를 내고 갑자기 소리치는 경향이 있죠. 스포츠로 말하자면 기초 훈련을 안 한 채로, 테니스를 예로 들자면 라켓을 휘둘러 보지도 않고 갑자기 경기를 시작하는 것과 마찬가지입니다.

물론 마음은 잘 압니다. 말을 하다 보면 초조해지고 흥분해서 목소리가 커질 수 있죠. 실전에서는 물론, 훈련할 때도 잘하려다 보면 흥분하기 일쑤고요.

그렇기에 목소리를 낼 때는 자신의 몸과 소리 내는 원

리를 천천히, 꼼꼼하고 신중하게 이해하고 느껴야 합니다. 라켓 휘두르기를 제대로 훈련한 테니스 선수라면 아무리 경기가 격렬해져도 기본이 흔들리지 않는 것처럼요. 이 부분을 소홀히 하면 흥분했을 때 기본이 쉽게 흔들리고 맙니다.

Z음 훈련을 하는 이유는 앞니를 떠는 제대로 된 Z음이 성대의 부담을 줄이기 때문입니다. Z음은 유성자음이라 성대가 떨리지만, 앞니와 턱 등도 함께 떨리므로 성대의 부담을 덜어 줍니다.

기본을 꼼꼼히 점검하는 단계에서는 되도록 성대에 부담을 주고 싶지 않습니다. Z음은 'S음을 낼 때'와 '제대로 목소리를 낼 때'의 중간 정도라고 생각하면 됩니다.

훈련 6 단전 훈련(배로 버티기 훈련)

드디어 발성에 필요한 세 번째 요소, **배로 목소리를 지탱한다**는 것을 확인할 차례입니다.

Z음을 내면서 벽을 누릅니다.**[그림 6-1]** 몸에 관해 지식이 있는 사람이라면 이때 배에 힘이 들어가는 느낌이 들텐데, 그곳이 바로 **단전**입니다. 정확히는 제하단전臍下丹田이라고 하죠. 물론 단전이라는 내장이 존재하는 것은 아니고요, 영어로는 'center of the body'라고 표현합니다.

Z음을 내면서 걷고, 걷다가 멈춰 서서 **가끔씩 벽을 눌러 보세요**. 배 아랫부분이 단단해지면서 배가 Z음을 버텨주어 굵고 힘 있는 소리가 나오지 않나요?

이 훈련으로 단전이 느껴지지 않더라도 실망하지 말고 다음 훈련으로 넘어갑니다.

[그림 6-1] 벽을 누르면서 시선이 아래를 향하지 않도록 한다.

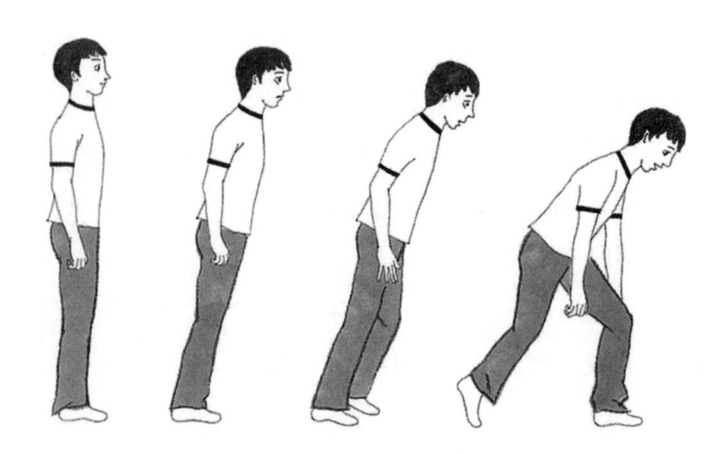

[그림 6-2] 쓰러지기 직전까지 버티다가 앞으로 넘어지는 순간 배가 단단해진다.

(A) 쓰러지기

선 상태에서 앞으로 몸을 기울입니다. Z음은 내든 안 내든 상관없습니다. 버티고 또 버티다가 도저히 안 되겠다 싶은 순간, 몸이 앞으로 고꾸라질 겁니다. 그때 배 주변이 단단해지는 느낌이 들 텐데, 그곳이 바로 단전입니다.**[그림 6-2]**

(B) 의자 위에 올라서기

그래도 단전이 느껴지지 않는다면 의자 위에 올라가 양팔을 벌리고 한쪽 다리를 들어 서 보세요. Z음은 내든 안 내든 상관없습니다. 그리고 파트너에게 의자를 가볍게 흔들어 달라고 하세요. 조금 위험한 방법이긴 하지만, 위험할수록 단전이 잘 느껴집니다. 더 버티지 못하고 의자에서 떨어지는 순간 단전의 존재가 느껴질 겁니다.**[그림 6-3]**

큰 목소리든 작은 목소리든 배가 버텨 준다는 사실에는 변함이 없습니다. 작은 목소리라도 단전이 버텨 주면 소리가 낭랑해지고, 큰 목소리를 단전으로 제대로 버텨 주면 목

[그림 6-3] 몸이 흔들흔들하다 떨어지는 순간에 단전이 느껴진다.

이 잘 쉬지 않습니다.

자신의 단전을 의식할 수 있도록 훈련을 여러 번 되풀이합니다. 그저 '배로 버티자', '배를 의식하자'라는 생각만으로도 목소리는 상당히 달라질 겁니다. 단전이 어디 있는지 잘 느껴지지 않는다고 고민할 필요는 없습니다.

벽을 밀고, 앞으로 쓰러지고, 의자에 올라서면서 단전을 의식하는 훈련을 거듭해야겠지만, 신경을 곤두세우지는 마세요. 중요한 것은 목소리를 낼 때 늘 '배'를 의식하는 일이랍니다. 벽을 밀 때 배에 느껴지는 감각을 아무 행동도 하지 않을 때도 느끼는 것이 이 훈련의 목적입니다.

▲ 주의사항

Ⓐ '단전'이란 무엇인가요?

이 질문에는 저도 정확한 답을 드릴 수가 없군요. 수천 년에 걸쳐 배꼽에서 주먹 하나쯤 아래에 있는 곳을 '단전'이라고 불렀습니다. 요가로 치면 차크라chakra죠. 이곳을 **인간 신체의 기본**이라고들 합니다. 혈 자리가 뭔지 잘은 몰라도 효능이 있는 것과 마찬가지겠죠. 최근에는 서양의 보이스 티처도 이 부분에 주목하여 'Ki place'(기의 장소)라고 표현하는 이도 있습니다. 과학적으로 설명할 수는 없지만, 그렇다고 오컬트로 치부해서는 안 된다고 생각합니다.

밤새도록 노래방에서 고래고래 소리 지르면서 노래를 불러도 배 부분을 계속 의식하면 목소리가 잘 쉬지 않습니다. 못 믿겠다면 꼭 한 번 시험해 보세요.

워크숍을 할 때 저는 작은 목소리라도 '단전'이 버티는 목소리와 그렇지 않은 목소리를 실제로 내서 들려줍니다. 그러면 참가자들은 작지만 힘 있는 목소리와 그저 맥없이 작은 목소리를 확실히 구별합니다. '단전'이라는 표현이 와

닿지 않는다면 '배 훈련'이라든가 '뱃심으로 버티기 훈련'이라고 바꿔 말해도 좋습니다. 목소리를 배가 버틴다는 뜻입니다.

B '단전'과 '복근'은 다른가요?

다릅니다. 발성을 잘하려면 복근이 필요하다고 여기던 시절이 있었죠. 하지만 엄밀히 말하면 발성이 좋아지는 것과 복근을 단련하는 것은 다릅니다.

물론 적당한 복근은 필요합니다. 기초 체력을 다지려면 복근 운동을 빼놓을 수 없습니다. 하지만 발성을 잘하기 위해 복근을 단련한다는 사고방식만큼은 틀렸다고 말하겠습니다. 실전에 임하기 직전에 복근 운동을 너무 열심히 하면 복근이 굳어서 배가 충분히 부풀지 않을 수 있습니다.(적어도 한 시간 전이라면 괜찮습니다. 다만 복근이 약해서 복근에 경련이 일어난 채로 목소리를 써야 하는 상황이라면 문제가 됩니다. 굳이 이런 말을 하는 이유가 있습니다. 자기 차례가 다가오면 너무 긴장한 나머지 정신을 딴 데 쏠리게 하려고 복근 운동을 하는 분도 봤거든요.)

지금도 배에 벨트를 두르거나 복근 운동을 하면서 목소리를 내는 방식으로 발성을 가르치는 경우가 있습니다.

아마도 '단전'을 의식하게 하려는 의도인 듯한데, 실제로 배에 벨트를 감거나 복근 운동을 하면 원치 않더라도 배를 의식하게 됩니다. 그러니 꼭 잘못된 방법은 아니죠.

이때 유의할 점이 있습니다. 배의 표면이 아니라 배 안쪽을 의식해야 합니다. 아무래도 복근을 의식하다 보면 배의 표면을 신경 쓰게 되지만, 그게 아니라 배 안쪽이 목소리를 버텨 준다고 생각해야 합니다.

Ⓒ 그렇다면, 발성을 위해서 복근이 필요한가요?

벨트를 두르거나 복근 운동을 발성법으로 지도하는 사람은 주로 성악을 가르치는 이들입니다. 단전 주위를 둥글게 문지르면서 발성하라고 가르치기도 하는데, 다 이유가 있습니다. 복근이 약하면 배 부위를 의식하기도 어렵습니다. 그래서 배의 아랫부분, 즉 단전을 의식하고자 복근 운동을 하는 것이겠죠.

그러나 앞에서도 설명했듯, 복근을 단련한다고 횡격막도 단련되지는 않습니다. 횡격막은 S음에서 시작되는 훈련을 차근차근 꾸준히 지속해야만 단련되며, 강해지는 것이 아니라 유연해지는 것입니다.

훈련 목적도 근육을 단단하게 만드는 것이 아니라 유

연하게 만드는 것입니다. 근육이 유연해지면 충분히 부풀릴 수 있습니다.

단, 예외는 있습니다. 믿기 힘들 만큼 긴 대사를 숨을 끊지 않고 해내야 하는 등 정말로 숨을 길게 써야 할 때는 복근이 필요합니다. 그럴 때 쓰는 기술이 있습니다. 우선 흉곽을 조여 가며 숨을 내뱉고, 그대로 횡격막을 올려서 숨을 내쉽니다. 마지막으로 근육을 쥐어짜서 숨을 내보내는데 이때 근육에 힘을 주어 횡격막을 끝까지 들어 올립니다. 다시 말해, 긴장시키는 겁니다. 꽤 어려운 기술이므로 아직은 시도할 때가 아닙니다. 그저 이때만큼은 복근의 힘이 필요하다는 이야기를 해 두고 싶었을 뿐이니까요.(그렇다 해도 보디빌더처럼 울퉁불퉁한 근육은 필요 없답니다.)

드디어 목소리의 울림을 즐길 차례입니다. 입을 닫고 '음~' 하며 **허밍**을 해 보세요.

그대로 소리를 내며 코를 만져 보세요. 의식해서 코에 진동을 모아 보세요. '허밍을 하면서 코를 진동시켜야지' 하며 머릿속으로 그림을 그려 보는 겁니다. 잘 되었다면 코가 떨려서 간질간질할 겁니다. 그 감각을 즐겨 보세요. 물론 성대도 떨리지만, 코를 떨리게 만든다고 생각합시다. 어때요? 코가 간질간질한가요?

울리는 곳은 모두 다섯 군데입니다.

코[**그림 7-1**]

입술[**그림 7-2**]

머리[**그림 7-3**]

목[**그림 7-4**]

가슴[**그림 7-5**]

처음에는 코와 입술을 분명히 구별하기가 조금 어려울지도 모릅니다. 머리의 진동이 잘 안 느껴지는 분도 있을 텐데, 음정을 약간 높게 잡으면 좀 더 쉽게 느낄 수 있습니다. 거기서 더욱 소리를 높이면 머리의 진동과 공명은 느껴지지 않습니다.

평소 발성할 때 목으로만 소리 내는 사람은 목을 울리기가 가장 쉽습니다. 다시 말하면, 목만 쉽게 울린다면 목으로만 소리 내고 있을 가능성이 큰 거죠.

금세 모든 부위가 떨리거나 울리지 않는다고 조바심 낼 필요는 없습니다. 천천히, **하루 5분이라도 좋으니** 이 다섯 군데를 순서대로 진동 및 공명시키는 훈련을 해 봅시다.

모든 부위를 울릴 수 있게 되면 이번에는 이동하며 허밍을 합니다. 코에서 입술, 입술에서 머리, 머리에서 가슴, 가슴에서 목으로 훌쩍 옮겨 가는 식입니다.

[**그림 7-6**]은 진동과 공명이 머리에서 가슴으로 옮겨 가는 것을 실감하는 방법입니다. 구체적으로 설명하면, 머리와 가슴에 각각 손을 얹고 허밍을 하다가 머리에 얹은 손

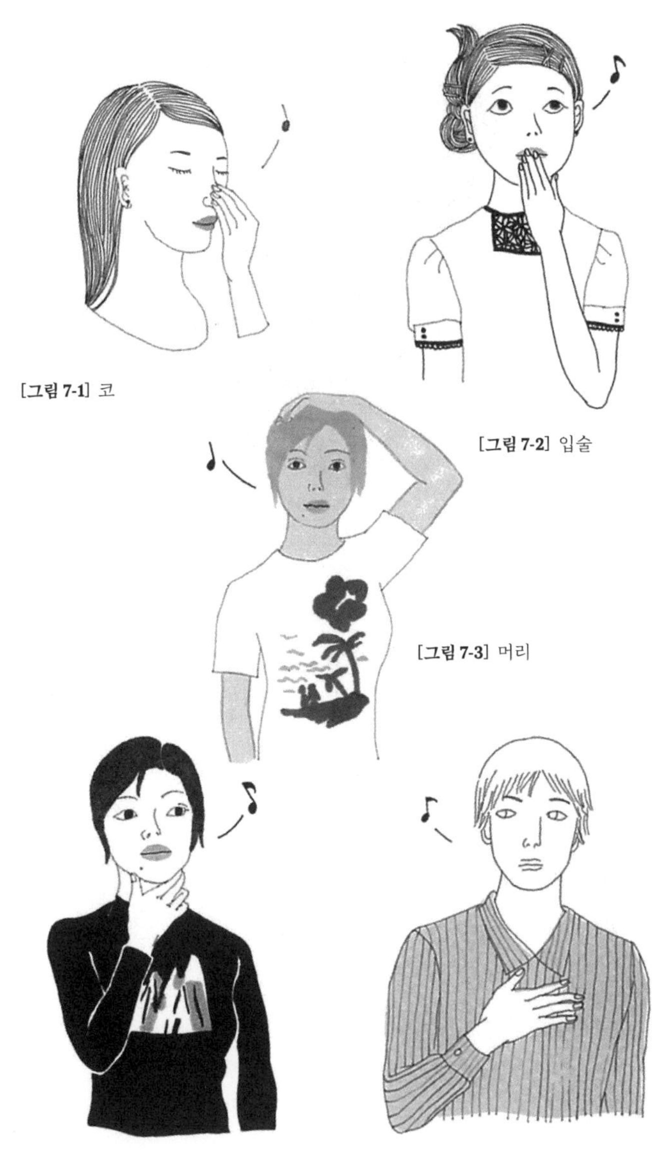

[그림 7-1] 코

[그림 7-2] 입술

[그림 7-3] 머리

[그림 7-4] 목

[그림 7-5] 가슴

[그림 7-6] 머리에서 가슴으로 진동을 옮겨 간다.

에 진동과 공명이 느껴지면 곧바로 가슴으로 이동시킵니다. 익숙해지면 금방 할 수 있게 될 겁니다.

같은 요령으로 부위를 옮겨 가며 연습해 보세요.

▲ 주의사항

● 무엇을 위한 훈련인가요?

몸을 악기라고 상상해 볼까요. 기타나 바이올린이 인체와 닮았으니 상상하기 쉽겠네요.

성대로만 말한다는 것은 곧 기타의 현만을 몸체에서 떨어뜨려 울리는 것과 같습니다.(엄밀히 말하면 성대는 심하게 열리고 닫히며 진동을 일으켜 소리 내는 원리라 현의 진동과는 다르지만요.)

기타가 큰 소리를 내는 것은 현이 낸 소리를 사람 몸통과 비슷한 기타 몸체가 떨리고 울리면서 증폭하기 때문입니다. 몸체가 없는 기타는 소리가 울릴 수 없죠. 억지로 큰 소리를 내려고 현을 잡아당겼다가는 끊어지고 말 겁니다. 사람으로 치면 성대로만 큰 소리를 내려다 목이 쉬는 것과 마찬가지입니다.(정확히는 목 주변 부분이 공명하고 있지만 여기서는 성대라고 하겠습니다.)

소리는 몸에서 울려서 증폭됩니다. 우리 몸도 마찬가지로 성대가 낸 소리(전문용어로는 '후두음')를 울려서 키울 수 있습니다. 그 주요 부위가 **코, 입술, 머리, 가슴, 목**입니다.

공명은 근육, 뼈, 입속 등 온갖 곳에서 일어납니다. 다양한 곳을 울릴 수 있다는 말은 곧 악기의 몸체가 바뀌는 것과 같습니다. 바이올린 몸체는 단 하나뿐이지만, 인간은 공명하는 장소를 바꿔서 비올라가 될 수도 콘트라베이스가 될 수도 있습니다.

즉 **인간은 악기이자 연주자입니다**. 악기인 자기 몸의 공명 위치를 바꿀 수 있는 연주자요. 대단하죠?

큰 목소리를 내면 금세 목이 쉬는 까닭은 몸이 울리는 메커니즘을 충분히 이해하지 못했기 때문입니다. 그래서 대표적인 다섯 곳의 울림을 우선 확인하는 겁니다.

이때 근육에 힘이 들어가 있으면 충분히 울리기 힘듭니다. 이것이 바로 몸에 쓸데없이 힘을 주어서는 안 되는 두 번째 이유입니다.(첫 번째는 앞에서 설명했지요. 목을 쥐어짜면 성대의 문이 격렬하게 부딪치기 때문이라고요.) 기타 몸체를 꽉 누르고 줄을 튕겨 볼까요. 떨림이 줄고, 작고 경직된 소리가 납니다. 이런 일이 우리 몸에서도 일어나는 거죠. 온몸이 경직되어 있으면 공명이 일어나기 힘듭니다.(굳이 말할 필요는 없겠지만 경직된 목소리가 필요할 때는 당연히 그런 목소리를 낼 수 있어야 합니다.)

그러므로 몸의 다섯 부위에서 허밍 훈련을 하는 것은 악기인 자기 몸의 기본적인 공명 장소를 연주자 스스로 확인하는 일입니다. 잘 안 된다면 날마다, 생각날 때마다 이 다섯 곳을 돌아가며 허밍해 보세요. 보행 신호를 기다릴 때라든가 욕조에 몸을 담글 때, 언제든 다섯 곳을 가볍게 옮겨 가며 허밍할 수 있도록 훈련하세요. 잔뜩 힘을 주고 긴장해야 하는 수준이 아니라 편안하고 자연스럽게 나오도록 만드는 겁니다. 이 일이 가능해지면 울림을 쉽게 즐길 수 있게 됩니다. 가슴에서 머리로 허밍을 옮겨 가면서 악기 몸체를 바꿨다고 상상해 보세요. 재미있죠?

허밍 파트너 훈련은 매번 해야 하는 건 아닙니다. 허밍 훈련을 확실히 하기 위한 보조 훈련이라 할 수 있죠.

둘씩 짝을 이루어 파트너 B가 훈련자 A의 코, 입, 가슴, 머리, 목을 순서대로 만집니다. A는 B가 손을 갖다 댄 부분을 진동하고 공명시킵니다. 느낌이 온다면 B는 "느꼈어"라고 전합니다.**[그림 8-1]** 마치 놀이를 하듯, B는 다음 부위로 재빨리 손을 옮겨 갑니다. A는 그때마다 만져진 곳을 진동 및 공명시킵니다.

잘 되면 어깨나 등 같은 부위도 가능한지 다양하게 시도해 봅니다.**[그림 8-2]** 가령 B의 손이 어깨로 가면 A는 어깨를 울려 봅니다. B가 "느꼈어"라고 말하면 곧바로 다른 부위를 울려 봅니다. 어깨에서 더 이상 울림을 느끼지 못하면 B는 "이제 안 느껴져"라고 확실히 전하세요. 이것이 가

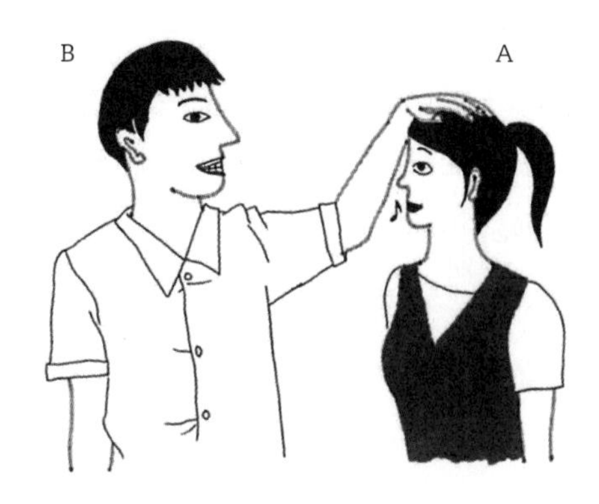

[그림 8-1] 만져진 부위를 진동 및 공명시킨다.

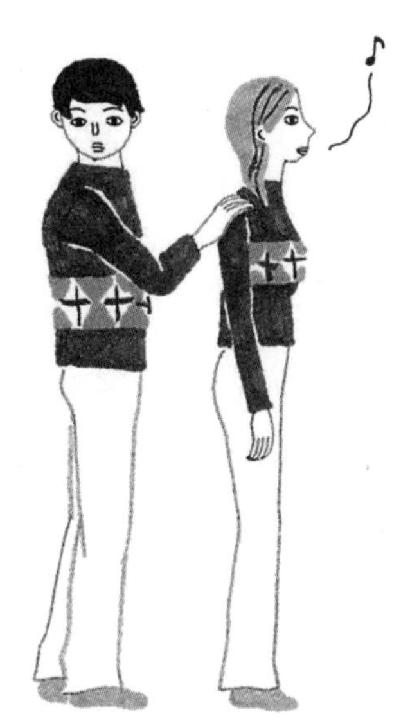

[그림 8-2] 어깨를 진동 및 공명시킨다.

능해지면 한 세트가 끝난 것입니다.

즉 우연히가 아니라 의식적으로 어깨를 확실하게 진동 및 공명시키고, 다른 어느 부위로든 옮겨 갈 수 있게 되는 것이 중요합니다.

놀이하듯 몇 분 하고 나서 교대합니다.

허리나 배 등 어디까지 가능할지 기대하며 즐겁게 훈련해 보세요.

▲ 주의사항

● 등을 진동시킬 수가 없어요.

걱정하지 마세요. 이 훈련의 목적은 미션을 성공하는 것보다 진동하고 공명하는 몸을 만드는 데 있습니다. 어깨나 등 윗부분까지는 가능한 사람이 많지만, 등 아랫부분이나 배까지 할 수 있는 사람은 드뭅니다. 허벅지를 진동시킬 수 있는 사람도 있다는데, 오페라 가수라고 하네요.

너무 심각하게 생각하지 말고 놀이하듯 다양하게 시도해 보세요. 안 된다고 해서 좌절하거나 연연할 필요는 없습니다. '몸'은 머리와 달리 금세 전환되지 않습니다. 몸의 시간을 발견하는 것 또한 우리가 훈련을 하는 이유입니다.

이 훈련은 매번 할 필요는 없고, 가끔 하는 놀이 같은 것입니다. 얼마 뒤에 지난번에 되지 않았던 부위가 진동한다면 멋지겠죠. 우리 몸이 새로운 진동 및 공명 장소를 획득한 셈이니까요. 이때 나는 목소리를 똑똑히 기억해 두세요.

5음 훈련

이제 슬슬 입을 벌리고 목소리를 낼 차례군요. 그 전에 중요한 점을 짚고 넘어가겠습니다.

발성 훈련을 처음 시작했다면 [훈련 1]부터 [훈련 9]까지 할 필요는 없습니다. [훈련 1]부터 [훈련 8]까지 정성 들여 훈련하면 한 시간에서 한 시간 반쯤 걸립니다.(익숙해지면 [훈련 1]은 건너뛰세요. 그러면 30분쯤 걸릴 겁니다. 1년 이상 지나면 자신에게 필요한 훈련만 골라서 해도 됩니다.)

하지만 처음부터 [훈련 9]까지 오는 것은 너무 급합니다. 몸의 쓸데없는 긴장을 없애고, 편하게 Z음이 나오고, 신체 각 부위에서 진동과 공명을 할 수 있으려면 시간이 많이 걸립니다. 여유를 가지세요. 날마다 훈련한다면 처음 한두 주일은 [훈련 8]까지만 반복합니다. **이때 서두르면 지금까**

[그림 9-1] 손가락 두 개가 세로로 들어갈 만큼 입을 벌린다.

지 한 노력은 모두 물거품이 되고 맙니다.

그럼 이제 5음 훈련을 설명하겠습니다.

허밍으로 코를 진동 및 공명시킨 채로 입을 천천히 벌립니다. 검지와 중지를 붙여 세운 정도로 벌리면 됩니다.**[그림 9-1]** 단숨에 입을 벌리고 목소리를 내는 것이 아니라 코가 진동 및 공명해서 간질간질한 느낌이 들면 서서히 입을 벌립니다. 다 벌린 크기가 손가락 두 개분입니다.

소리는 '아'가 좋습니다. 허밍을 하다가 입을 열고 '아—' 하며 장음을 냅니다. '음~ 아—'라고 들릴 수도 있는데, '음~' 부분이 허밍입니다. 입을 벌릴 때까지 목소리를 내지 말아야 합니다. 이때 몸에 힘이 들어가면 안 됩니다. ([훈련 8]까지 제대로 따라왔다면 대부분 제법 긴 소리가 나올 겁니다.)

코가 끝나면 입술을 진동 및 공명시키며 입을 서서히 벌립니다. 같은 요령으로 머리→목→가슴으로 이어 갑니다. 이처럼 다섯 곳을 진동 및 공명시키며 입을 열어 긴 소리를 내기에 **5음 훈련**이라고 부릅니다.

초조함을 버리고 천천히 훈련하세요. 서서 하는 훈련이지만, 앉거나 누워도 상관없습니다.

다시 한 번 말하지만 "지금부터 소리를 내겠습니다" 하면 다리를 어깨너비로 벌리면서 준비 태세에 들어가는 분이 있습니다. 발성을 제대로 하려고 몸에 미묘하게 힘을 주어 꼿꼿이 서는 거죠. 모처럼 힘 빼는 연습을 거듭했는데 이렇게 해 버리면 아무런 의미가 없습니다. **준비 태세를 갖추려 하지 마세요. 잘하려고 생각하지도 마세요.**

목소리를 내니까 고개나 어깨, 무릎 등에 힘이 들어가는 느낌이 들면 곧바로 바닥에 눕습니다. 다른 사람이 다 서 있다고 나도 서 있을 필요는 없습니다. 몸에 긴장이 느껴지면 곧바로 똑바로 누워서 '아—' 하고 소리 내 보세요.

'아'의 입 모양은 다른 모음인 '에, 이, 오, 우'보다 목이 더 잘 열립니다. 또한 코에서 시작하므로 가장 쉽게 감각을 익힐 수 있습니다. 목에서 시작하는 것은 삼가고, 목으로 '아—' 소리를 내는 것도 길게 하지 마세요. 성대를 쓰게 되기 때문입니다.

▲ 주의사항

Ⓐ 다섯 곳의 음이 잘 구별되지 않습니다.

우선 '소리'에 민감해지세요. 자신이 내는 소리(목소리)에 민감해져야 하고, 그러기 위해서는 먼저 타인이 내는 소리(목소리)에 민감해져야 합니다. 다른 이의 목소리를 듣고 어디가 주로 떨리고 울리는지 느끼고, 각각의 부위를 구별할 줄 알아야 합니다. 다른 이의 발성을 듣고 지금 떨리고 울리는 장소가 목인지 코인지 가슴인지 머리인지 입인지를 느끼고 구별할 수 있어야 한다는 말입니다.

워크숍에서 한 참가자가 자신의 목소리를 들어 달라고 부탁했습니다. [훈련 8]까지 끝내고 **[훈련 9] 5음 훈련**을 한창 하던 중이었지요. 그는 자기 목소리가 다섯 부위에서 제대로 진동 및 공명하고 있는지 자신이 없어 보였습니다.

"그럼, 코부터 울리고 목소리를 내 보세요."

그는 허밍을 시작하더니 "아—"로 넘어갔습니다. 저는

다른 참가자에게 "어디가 주로 떨리는지 알겠어요?" 하고 물었습니다. 그는 자신이 코를 울리고 있다고 '생각'했지만 명백히 목을 중심으로 떨리고 있었지요.

몇몇 사람이 "목인가?" 하고 자신 없게 답했습니다.

"맞아요. 지금 이분은 목을 주로 공명시키면서 목소리를 내고 있어요. 구분이 되세요?"

참가자 중 절반쯤은 이해한 것 같았습니다. 저는 소리를 낸 참가자에게 "목소리가 잘 쉬지 않으세요?" 하고 물었습니다. 그렇다고 하더군요. 코와 다른 부위에서의 공명을 사용하지 않고 목만으로 목소리를 내므로(정확히는 목 주변이 떨리고 울립니다) 무리해서 큰 목소리를 내려다가 목소리가 쉬고 마는 전형적인 예입니다.

다른 사람이 어디를 진동 및 공명시키는지 느끼고 구별할 줄 알아야 합니다. 그걸 알게 되면 자기 것도 쉽게 알 수 있습니다. 그는 자신이 코가 아니라 목을 울리는 것조차 눈치채지 못하고 있었습니다.

하지만 모르더라도 초조해하지 마세요. 거듭 듣다 보면 구별할 수 있게 됩니다. 익숙해지면 상대방의 진동 및 공명하는 부분이 확실히 느껴지죠. 신기하게도 상대방의 진동 및 공명하는 장소도 분명하게 보일 겁니다. 소리(목소리)도 잘 구별하게 되고요. 파트너와 서로 알아맞히는 게임을 하는 방식으로 훈련해도 좋습니다.

Ⓑ 코를 진동 및 공명하는 소리가 이상적인가요?

아닙니다. 5음 훈련에서는 각 소리의 차이를 즐겼으면 합니다. 그러면 이미 다섯 개의 소리를 낼 수 있는 악기가 된 셈입니다. 그 차이를 실감해 보세요.

장음 훈련

드디어 실전에서 쓰는 목소리 훈련입니다. 지금까지는 워밍업이었답니다.

실제로 쓰는 목소리는 진동 및 공명하는 부위가 **얼굴**입니다. **얼굴 전체**라고 해도 좋겠죠. 5음 훈련은 얼굴 전체까지 오기 전에 다섯 곳을 확실히 느끼는 단계였습니다. 특별한 경우가 아니라면 가슴이나 목만을 공명시키는 일은 없습니다.(물론 일부러 가슴이나 목만 쓰는 특별한 경우도 있지만, 그러려면 세심한 주의가 필요합니다.)

우리가 평소에 내는 목소리도 '얼굴'을 공명시킨 것입니다. 목소리가 금세 쉬는 사람은 틀림없이 공명의 중심이 목에 있을 겁니다. 묘하게 목소리가 새된 사람은 공명의 중심이 머리에 있을 테고요. 일상생활에서는 공명의 중심을 '얼굴'로 모으는 것이 기본입니다.

그렇다면 우선 코로 모아 볼까요. 허밍에서 시작해 장음으로 이어 갑니다. 그대로 얼굴 전체에 진동과 공명이 퍼지도록 상상하면서 "아—" 하고 소리 냅니다.

이 '아—'가 무리 없이, 목을 열고 나와 쭉 뻗는 느낌이 든다면 다른 모음으로 넘어갑니다.

'아, 에, 이, 우, 에, 오, 아, 오'를 발성하는데, 모든 모음을 길게 늘입니다. 그러니까 '아—에—이—우—에—오—아—오—' 이렇게요. 숨이 끝까지 이어지지 않는다면 '아—에—이—오—우—'만 해도 괜찮습니다.

신중하게 또 신중하게 목소리를 늘여야 합니다. 발성 연습할 때 갑자기 빠른 템포로 '앗, 엣, 잇, 웃, 엣, 옷, 앗, 옷'이라고 소리 내는 분도 있는데, 절대 서두르면 안 됩니다. 아직 짧은 발성을 할 단계가 아닙니다. 천천히, 신중하게 장음을 즐길 때입니다.

▲ 주의사항

Ⓐ '아—'라고 할 때 목이 닫힌 느낌이 드는데요.

거듭 강조했다시피 자신의 목소리에 민감해져야 합니다. 목소리를 낼 때 소리는 낭랑하지만 목 주변에서 '샤—' 하며 서로 스치는 소리가 나지 않나요? 숨이 새는 듯한 소리나 목이 '그러렁'거리는 소리는요? 대체로 '아—' 소리 아랫부분에서 희미하게 울릴 겁니다.

성대 이야기부터 하자면, 그건 성대가 제대로 맞부딪치지 못하고 있다는 뜻입니다. 성대의 문 두 짝이 꼭 맞부딪치지 않고 어딘가가 열려 있는 상태죠. 성대가 지친 나머지 일부가 부어서 문이 제대로 닫히지 않거나, 목소리에 아직 힘이 들어가 있어서 문 일부가 열려 있는 상태입니다.

그 소리가 날 때와 안 날 때가 있다면 그때의 목소리는 어떤 느낌인가요?

'목이 닫힌' 감각을 느낄 수 있고, 동시에 목이 닫혔을 때와 열렸을 때의 목소리를 듣고 분명히 구별할 줄 알아야 합니다. 잘 모르겠다면 다른 사람의 목소리에 귀를 기울여 보세요. 목소리는 낭랑한데 희미하게 슉슉거리는 소리가 들리지는 않는지요?

우선 목이 충분히 열리지 않은 소리를 느끼고 구별해야 합니다. 목이 제대로 열린 소리와 목이 닫힌 소리를 반복해서 듣다 보면 결국 구별하게 될 겁니다.

아직 목이 충분히 열리지 않았다고 느낀다면 **장음 훈련**을 하면서 고개를 위로 들어 보세요. '음~' 하고 코를 울린 다음 천천히 입을 열고 '아—'라고 소리 내면서 천천히,

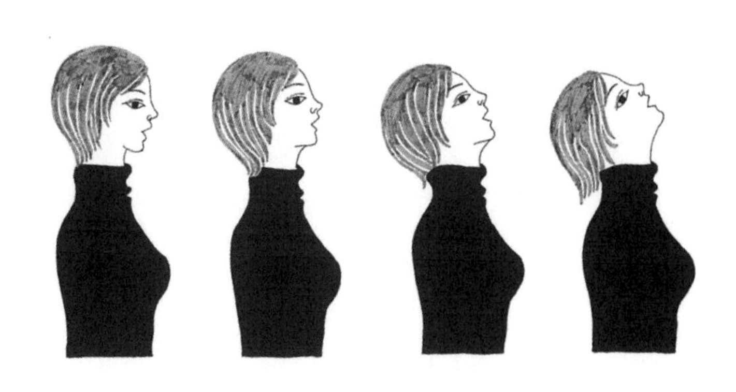

[그림 10-1] 소리를 내면서 천천히 편안하게 고개를 쳐든다.

아주 천천히 고개를 위로 듭니다. 마지막에는 거의 천장을 바라볼 정도로 고개를 듭니다.**[그림 10-1]** 입은 검지와 중지를 붙여 세운 만큼 벌립니다.

실제로 해 보면 알겠지만, 목이 닫혀 있어도 천천히 소리를 내면서 고개를 들면 어느 지점에서 문득 목이 열릴 겁니다. 소리(목소리)가 갑자기 울려 퍼지고 편안한 느낌이 드는 순간입니다. 다만 소리에 민감해지지 않으면 이 순간을 듣고도 놓치거나 구별을 못 하기도 합니다.

그래도 계속 집중하다 보면 무언가 느껴질 겁니다. 소리 내는 본인에게 가장 먼저 '뻥 뚫린' 느낌이 옵니다. 그다음은 간단합니다. 그대로 목소리를 내면서 '뻥 뚫린' 느낌을 지닌 채로 얼굴을 바로 합니다.(고개를 들고 다시 소리를 내는 것이 아니라 목소리를 끊지 않은 채 고개를 다시 내리는 겁니다.)

그때 느껴지는 목의 감각을 몸으로 확실히 기억해 두어야 합니다. 입 안이 갑자기 편해지는데, 그게 바로 열리는 감각입니다.(의학적으로는 후두개가 올라간 상태라고 할 수 있습니다. 48쪽 **[그림 2-3]** 을 참조하세요.)

이 훈련은 깜짝 놀랄 만큼 간단하지만 꽤 유용합니다. 일단 천천히, 아주 천천히 목소리를 내면서('아—') 그대로 고개를 쳐드는 겁니다. 입은 벌린 상태를 유지하면서요.

저는 훈련자 옆에 붙어서 목이 열린 순간 "지금!"이라고 말해 줍니다. 그러면 훈련자는 '아, 지금 이 느낌이구나!' 하고 깨달은 표정이 됩니다. 제가 모든 분을 찾아갈 수는 없지만, 소리에 집중한다면 본인은 물론 주변 사람도 그 순간을 확실히 알 수 있을 겁니다.

자신의 목이 열린 것을 전혀 자각하지 못하는 사람도 드물지만 있습니다. 듣고 있는 사람은 느낍니다. 그것도 '앗, 지금, 열렸어!'라고 구체적으로요. 전혀 자각하지 못하는 사람에게는 주변에서 말해 주세요.

물론 목을 닫고 있겠다는 생각으로 얼굴을 쳐들면 목

은 열리지 않습니다.

이 훈련은 편안한 상태 그대로, 그저 고개를 드는 것과 자신의 목소리에 민감해지는 것에 집중하는 훈련입니다. 목이 열리고 목소리가 뻥 뚫렸을 때의 감촉을 내 '몸'으로 기억하는 것이 중요합니다.

제 경험으로는 100명 중 90명은 이 방법으로 목이 열렸습니다. 그다음은 열리는 감각을 자각하느냐, '몸'으로 기억하느냐의 문제만 남을 뿐입니다. 목이 닫혔다는 느낌이 든다면 천천히, 아주 천천히 위로 고개를 들면서 열린 감각을 확인하고 발성을 이어 갑니다.

열리지 않는 10명에게 조언하자면, 가장 기본적인 방법은 똑바로 눕는 것입니다. 그대로 **'아' 입 모양을 유지한 채 소리는 내지 않고 그냥 숨만 내쉽니다**. 이때 목이 열립니다. 무음으로 숨만 내뱉는 '아—'를 몇 번이고 연습해서 그 감각을 기억합니다. 하품을 의식적으로 하고 그때의 목 상태를 기억하는 방법도 있습니다. 하품할 때는 목이 완전히 열리지요. 그 좋은 기분을 몸으로 기억하는 것입니다.

Ⓑ 여럿이 같이 연습하기 때문에 내 목소리가 안 들리는데요.

동호회나 극단에서는 다 같이 일제히 발성 연습을 하므로 자기 목소리를 파악하기가 힘들지요.

그럴 때는 귀에 손을 대 보세요.**[그림 10-2]** 그러면 자기 목소리가 잘 들릴 겁니다. 입 앞에 다른 손을 대어 이미 손을 대고 있는 귀 쪽으로 조금 기울이면 더욱 잘 들립니다.**[그림 10-3]**

Ⓒ 목소리가 앞으로 뻗지 않는 느낌이에요.

그런 의문이 들었다면 그것만으로도 한 계단 올라선 셈입니다. 장음 훈련을 할 때 가장 낙담하기 쉽습니다. **목소리가 앞으로 뻗지 않고 위로(또는 뒤로) 간다**고 고민하는 분들이 많습니다. **앞으로 쭉 뻗는 목소리**는 발성에 필요한 네 번째 요소였죠. 중요합니다.

목소리가 앞으로 뻗지 않고 위나 뒤 또는 사선 방향으로 향하는 데는 이유가 있습니다. 목소리를 무조건 울려 퍼지게 하려고 연구개를 쭉 끌어올려서 입 뒤쪽, 상인두강이나 비강을 의식하면 목소리가 머리 위로 올라갑니다.

다른 사람의 발성을 들어 보면 금방 느껴집니다. 목소리가 위로 올라가는 느낌이 들거든요. 자기 목소리라도 소리는 울려 퍼지는데 방향이 위쪽을 향한다고 느끼는 분도

[그림 10-2] 귀 뒤에 가볍게 손을 댄다.

[그림 10-3] 입 앞에도 손을 댄다.

있을 겁니다.

목소리가 뒤로 가는 경우는 입 속에 공간을 만들어 그곳에서 공명시키려 하기 때문입니다. 연구개가 위가 아닌 뒤로 당겨지는 거죠. 이럴 때는 입 뒷부분에 공간이 느껴질 겁니다.

위나 뒤로 가는 목소리를 낼 때 목이 닫히지 않기에 순간적으로 '이제 됐다'고 생각하기 쉽지만, 목소리는 앞으로 내야 합니다.(물론 발성의 변주 차원에서 이런 목소리도 낼 수 있다면 무기가 되겠죠. 여러분의 감정이나 생각이 이런 목소리를 내고 싶다고 느낄 때 낼 수 있으니까요. 하지만 어디까지나 기본은 '앞으로 뻗어 나가야' 합니다.)

앞으로 뻗어 나가지 않는 목소리는 박력이 없습니다. 마치 멀리서 말하는 것만 같죠. 평소 의사소통을 할 때도 이런 목소리는 '상대와 이야기 나누는 목소리'가 아닙니다. 혼을 내고 싶지만 자신감이 없을 때, 목소리를 앞이 아닌 위로 올려서 소리치는 경우를 이따금 봅니다. 눈앞에 혼낼 사람이 있는데 정작 목소리가 그에게 가닿지 않고 소리치는 당사자의 머리 위로 빠져나가는 목소리죠. "왜 그런 짓을 한 거야!"에서 "야!"가 앞으로 가지 않고 "야~" 하며 소리치는 본인의 머리 위로 빠져나가 버립니다.

화내는 것도 의사소통입니다. 제대로 '앞으로 뻗는 목소리'로 화내지 않으면 상대방이 '혼나고 있다'고 실감할까요?

단전 장음 훈련

단전 장음 훈련은 **장음 훈련**의 다음 단계입니다. 장음을 내면서 벽을 지그시 누르는데, 누를 때 아래를 보지 마세요. 이때 단전(배)에 힘이 들어가 버티고 있다는 느낌이 들어야 합니다.(70쪽 [**그림 6-1**])

걷기도 하고 앉거나 눕기도 하면서 계속 장음을 냅니다. 처음에는 '아—'만으로도 좋습니다. 몸이 바짝 굳었거나 준비 태세를 갖추느라 긴장했다면 똑바로 눕지만 말고 그 자리에서 가볍게 점프를 하거나 몸을 살살 흔들거나 목을 빙글빙글 돌려 보세요.

여기까지 따라왔다면, 눕지 않고 이런 방법으로 목을 열고 긴장을 푸는 편이 더 실천하기 쉽습니다. 실전에 임하기 직전에 바닥에 똑바로 눕기란 어렵겠지만, 몸을 흔들거나 고개, 어깨, 손을 빙글빙글 돌리는 일은 쉽게 할 수 있으니까요.

저는 목이 굳었다 싶은 사람 뒤에 서서 몸을 흔들고 목을 마사지해 주는데요, 그러면 상대방은 서 있는 상태지만 꽤 편해졌다고 느낍니다. 이렇게 서로 몸을 흔들거나 마사지하는 방법도 효과적입니다.

걷는 속도를 점점 올리거나 갑자기 앉거나 뛰거나 하며 다양한 방법을 시도해 보세요. 목이 계속 열리고 쓸데없는 긴장이 몸에 들어오는지 아닌지 여러 형태로 시험하는 방법입니다.

쓸데없는 힘이 들어왔다고 느낀다면 몸을 흔들거나 고개를 돌리는 등 몸을 푸는 운동을 하세요.

이런 방법을 적절히 이용해서 어떤 자세에서든 목이 열리고 편안한 발성이 나오도록 만들어야 합니다. 무척 중요한 부분이므로 주의사항에 따로 쓰지 않고 바로 설명하겠습니다.

목을 열어서 목소리도 낭랑하게 나오는 것 같은데 왠지 성대가 지친 느낌이 들거나 따끔거리면서 불편할 때가 있습니다. 공명이나 배의 지지력을 충분히 쓰지 않고 **성대를 누를 때** 이런 현상이 일어납니다. **성대에 강하게 숨을 불어 넣어 성량을 억지로 키우는 상태**라는 뜻입니다. 이때 목은 열려 있고 그르렁거리는 소리는 나지 않지만, 목이 쉬거나 성대가 쉽게 지칩니다.

소극장에서 공연하는 배우들 가운데 이런 유형이 많습니다. 딱 들으면 목소리가 낭랑하고 큰 것 같죠. 하지만 주의 깊게 들으면 팽팽하고 딱딱하며 어딘지 모르게 귀에 거슬리는 소리입니다. 워크숍에서 저는 늘 이 '성대를 누르는' 소리를 실제로 참가자들에게 들려줍니다. 다들 '아, 자주 듣는 목소리네' 생각하며 고개를 끄덕이죠.

장음 훈련은 성대를 누르는 느낌으로 해서는 절대로 안 됩니다. 처음에는 성대를 누르지 않으면 왠지 답답하고 목소리가 작아지는 느낌이죠. 그러나 그게 출발 지점입니다. '성대를 누르는' 목소리란 그 상태를 못 견딘 나머지 성대에 숨을 강하게 부딪쳐서 성량을 억지로 키운 목소리입니다. 그러다 보면 아무리 훈련을 해도 '얼굴 전체'의 공명이나 뱃심을 충분히 쓸 수 없습니다. 목소리가 작다고 초조해하지 말고 '얼굴 전체'의 공명을 찾으며 배로 버티려고 애써 보세요. 목소리도 자연히 커질 겁니다.

'얼굴 전체'로 충분히 공명하여 배로 버텨서 낸 목소리는 듣고 있으면 기분이 좋고 설득력이 있습니다. '성대를 누르는' 목소리는 어딘가 억지스럽고 긴장감이 서려 있습니다. 다른 사람의 목소리에 귀를 기울여 보세요. 주변에 분명 '성대를 누르는' 목소리로 발성 훈련을 하는 사람이 있을 겁니다. 그 목소리의 특징을 느껴야 합니다. 목이 닫혀 있다기보다는 목을 바짝 긴장한 느낌에 가까운 목소리입니다.

▲ 주의사항

● 아무리 노력해도 뱃심으로 버틸 수가 없어요.

이것도 극적으로 바꿀 방법이 있습니다. 훈련자 A가 오른손을 내밀면, 파트너 B가 그 손을 맞잡습니다.**[그림 11-1]** 손은 배꼽 근처 높이가 가장 좋습니다.

A가 장음을 내기 시작했다면 B는 오른손에 힘을 주어 상대방의 손을 꼭 쥡니다. A도 계속 목소리를 내면서 상대방의 손을 꼭 쥡니다. 그 순간 배가 목소리를 버텨 줄 것입니다.

목소리를 배로 버티지 못하는 훈련자에게 제가 늘 쓰는 방법입니다. 그러면 훈련자가 제 손을 다시 꼭 쥐는 순간, 목소리는 놀라우리만치 힘 있는 소리로 바뀝니다. 다른 사람들은 놀라서 탄성을 지르죠. 자랑하려는 건 아닙니다. 이렇게 쉽게, 배가 버티는 굵직하고 낭랑한 목소리가 나온

[그림 11-1] A는 편하게 목소리를 낸다. B는 소리 내는 중간에 A의 손을 꼭 쥔다. A는 계속 목소리를 내면서 B의 손을 꼭 쥔다.

다는 사실에 모두 놀란다는 얘기입니다.

다만 처음부터 긴장하면 뱃심이 버텨 주지 않아요. 처음에는 그저 손을 맞잡기만 하고 편안한 자세를 취하세요. A가 목소리를 내기 시작하면 B는 그때 손에 힘을 주는 겁니다. 그러면 A도 B의 손을 꼭 쥐고요. 다만 온몸으로 힘을 주지 말고 손에만 힘을 주세요. 가끔 온몸에 힘을 주는 바람에 고개나 어깨에 힘이 들어가는 분이 있는데, 상대방의 손을 쥐는 손에 집중하세요. 그러면 자연스레 배에도 힘이 들어갈 겁니다.

그것만으로도 뱃심이 목소리를 버텨 줍니다. 한번 해 보세요. 결과에 깜짝 놀랄 겁니다.(단, 이미 배가 잘 버텨 주는 목소리를 낸다면 이런 변화가 일어나지 않습니다. 그런 분을 보면 '제대로 배로 버티고 있구나' 싶어서 무척 기쁩니다.)

성대 마사지 훈련

이름은 무시무시하지만 실은 아주 간단한 훈련입니다.

편하게 가장 높은 소리부터 '아' 소리를 내며 천천히 음정을 낮춥니다. 자신이 낼 수 있는 가장 낮은 소리까지 내려갑니다. 도중에 숨이 끊기면 안 됩니다.

처음에는 한 5초 동안 해 봅니다. 가장 높은 음이므로 당연히 가성부터 시작해야겠죠. 남성은 특히 음정을 내리면서 가성에서 진성으로 바뀔 때 목소리가 뚝 하고 끊기는 느낌이 들지도 모릅니다. 신경 쓰지 마세요.(가성을 못 내는 사람은 본인이 무리 없이 낼 수 있는 가장 높은 진성부터 시작하면 됩니다.)

익숙해지면 10초쯤 시간을 들여 가장 높은 음부터 가장 낮은 음까지 천천히 이어서 소리를 내 봅니다.

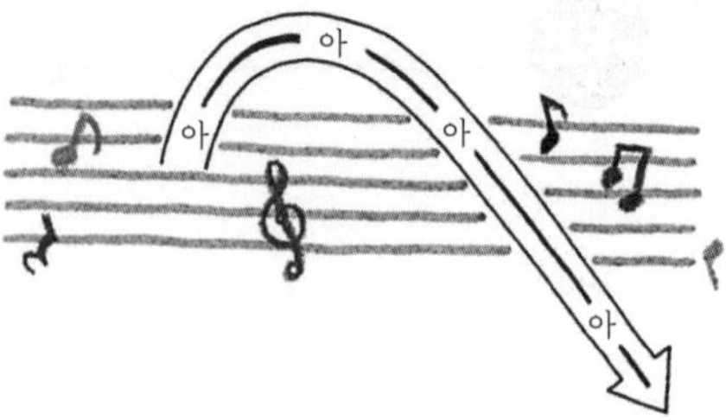

[그림 12-1]
목소리를 한 번
높였다가 내리는 경우

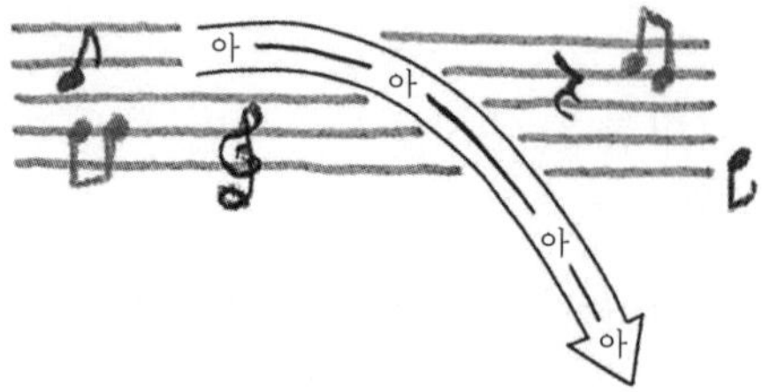

[그림 12-2]
그대로 천천히 내리는 경우

그림으로 설명해 보면 **[그림 12-1]**은 목소리를 한 번 높였다가 다시 서서히 내리는 방법입니다. **[그림 12-2]**는 높은 음에서 시작해서 서서히 내리는 방법입니다. 어느 방법으로 목소리를 내든 상관없습니다.

손을 움직이면 목소리를 내기가 더욱 쉽습니다.(손은 위에서부터 포물선을 그리듯 내리세요. 공주님이 "같이 춤출까요?" 하며 손바닥을 위로 향한 채 위에서 아래로 공손히 뻗는 모습이라 상상하면 되겠습니다.)

이때 음정은 내려가지만 머릿속으로는 **위로 올라간다**고 상상해야 합니다. 그러면 저음이 되어도 몸이 긴장하지 않고 편안한 감각을 유지할 수 있습니다.

몇 번 해 보고 나면 반대로 가장 낮은 음부터 가장 높은 음까지 소리 내 봅니다. 이번에는 음정은 올라가지만 머릿속으로는 내려간다고 상상합니다.

처음에는 편한 속도로, 익숙해지면 점점 천천히 해 나가세요.

이 훈련은 성대를 두루두루 온전히 쓰는 연습입니다. 발성 훈련을 하다 보면 같은 높이의 소리(목소리)를 계속 내기 쉽습니다. 같은 높이를 계속 낸다는 말은 곧 성대의 같은 부위가 지친다는 말입니다. 성대 마사지 훈련은 성대가 지치지 않도록 성대를 온전히 쓰면서 성대를 마사지하는 훈련입니다.

주의할 점이 있습니다. 맨 처음 '아' 소리를 낼 때 **절대로 성대를 쥐어짜지 마세요.** 숨을 억지로 부딪쳐서 목소리를 짜내지 말아야 합니다. 처음에는 가냘픈 목소리가 나오겠지만 괜찮아요. 처음 '아' 소리는 성대에 부담을 주어서 쥐어짜듯 소리 내기 쉬우니 주의하세요.

이 훈련은 워밍업에도, 긴 시간 말하고 나서 하는 워밍다운에도 최적의 훈련입니다.

예를 들어 볼까요. 공연이나 강연 당일, 낮잠을 자는 바람에(!) 아무런 준비도 없이 갑자기 목을 써야 하는 상황입니다. 그럴 때는 이 성대 마사지 훈련만 해도 성대가 꽤 편해지고 목이 잘 쉬지 않습니다. 실전에 너무 열심히 임한 나머지 목이 무리했다 싶을 때는 끝난 뒤에 반드시 이 훈련을 하세요. 성대의 같은 부위가 지쳐서 긴장한 상태일 텐데, 이 훈련은 그렇게 굳은 성대를 풀어 줍니다.

성대 마사지 훈련은 달리기 할 때 하는 스트레칭이라 할 수 있습니다. 달리기를 하기 전에도, 하고 나서도 스트레칭을 하죠? 안 했다간 다음 날 근육통으로 고생합니다. 이 훈련은 손쉽게 할 수 있는 효과적인 성대 스트레칭입니다,

이 훈련을 열두 번째로 소개한 이유는 이 훈련을 이해하기 위해서 설명이 필요했기 때문입니다. 그러니 꼭 열두 번째에 할 필요는 없고, 발성 훈련을 할 때 처음이든 마지막이든 **필요하다고 느낄 때 하면 됩니다**.

저는 갑자기 말을 해야 할 때라든지 큰 소리로 이야기하기 전에 이 훈련만큼은 빼놓지 않고 합니다. 그러면 성대가 꽤 편안해집니다.

▲ 주의사항

Ⓐ 가성에서 진성으로 넘어갈 때 뭔가 불안해요.

괜찮습니다. 성대 마사지 훈련을 몇 번이고 하다 보면 가성이 진성으로 자연스럽게 옮겨 갈 겁니다.

재미있는 실험 하나를 소개하죠.

가성에서 진성으로 변하는 순간의 목소리를 그대로 음정을 내리면서 '아—' 하고 늘여 보세요.

지금껏 들어 본 적이 없는 불안정한 목소리가 나올 겁니다. 성대가 그런 형태로 쓰인 적이 없다는 증거입니다. 성대는 가성도 쓰고 진성도 쓰지만, 가성이 진성으로 바뀌는 순간의 형태로는 쓰인 적이 없는 거죠. 그러니 그 형태를 유지하기가 어렵고, 이런 목소리가 나오면 무척 불안정하게 느껴지는 겁니다.

어때요? 이런 목소리에 어울리는 감정이나 생각을 가지고 있나요? 있다면 서둘러 실전에 적용하세요. 물론 여러 번 쓰다 보면 성대도 안정을 되찾습니다. 그러면 불안도 가실 겁니다.

Ⓑ 가장 높은 음과 가장 낮은 음의 폭이 너무 좁아요.

상관없습니다. 더 높은 목소리를 내려고 힘을 주는 것

이 문제죠. 이유는 이미 아시겠죠? 낮은 소리를 내려고 힘을 주는 것도 마찬가지입니다.

제가 설명하는 대로 훈련을 계속하다 보면 자연스레 소리의 폭이 넓어집니다. 고음 영역을 꼭 불러야 할 가수라면 몰라도, 다른 분들은 무리해서 높은 소리를 짜낼 필요가 없습니다.

드디어 '아, 에, 이, 우, 에, 오, 아, 오'를 짧게 말하는 훈련까지 왔습니다. 여기까지 시간을 들이지 않고 갑자기 짧게 말하는 것은 무척 위험합니다.

이유는 다 아시겠죠? 목을 조인 채로 말하거나, 성대를 누른 채로 말하거나, 얼굴 전체가 아니라 목의 공명으로 말하는 등등 온갖 문제가 나올 수 있기 때문입니다.

장단음 훈련은 장음 '아—에—이—우—에—오—아—오—'를 말한 뒤에 단음 '아, 에, 이, 우, 에, 오, 아, 오'를 발음하는 식으로 훈련합니다. 반대로 해도 상관없습니다. 먼저 장음을 발음하면 단음으로 짧게 말할 때 목이 쉽게 벌어집니다. 먼저 단음을 발음하면 목이 닫혔는지 여부를 장음으로 확인할 수 있고요. 저는 먼저 장음, 나중에 단음을 내는 방법을 추천합니다.

그리고 숨 한 번에 장음을 낼 수 없다면 도중에 숨을 끊어도 상관없습니다. 훈련을 지속하다 보면 언젠가는 할 수 있는 날이 옵니다, 반드시.

이번에는 '가—게—기—구—게—고—가—고—'라고 말한 뒤에 '가, 게, 기, 구, 게, 고, 가, 고'라고 짧게 말합니다. 그 다음부터는 어떻게 해야 하는지 아시겠죠? 자음을 바꾸어 쭉 해 나가면 됩니다.

더는 말할 필요도 없겠지만, 몸에 쓸데없는 긴장을 느낀다면 눕거나 걷거나 몸을 흔들거나 앉거나 나름의 방법으로 긴장을 풀어 주세요. 몸을 마사지하면서 말하는 것도 효과적입니다.

이제 자연스럽게 울려 퍼지는 낭랑한 목소리가 나오기 시작했다고 칩시다. 그 목소리는 꽤 큰 목소리일 겁니다. 그러면 이번에는 작은 목소리로 장단음 훈련을 합니다. '속삭이는 목소리'라든가 '숨소리'가 아니고요, 그렇게 되기 전의 적당히 작은 소리입니다.

작은 목소리로 장음을 내 보면 알겠지만 큰 목소리보다 어렵게 느껴집니다. 내뱉는 숨 조절이 어려울 겁니다. '속삭이는 목소리'가 되지 않고, 숨이 새지 않고, 작고, 그러나 또랑또랑한 목소리를 목표로 하세요.

▲ 주의사항

Ⓐ 날마다 모든 자음을 훈련하면 되나요?

역시 자신에게 달린 문제입니다. 무리해서 성대가 지치거나 목에 힘이 들어간다면 모든 자음을 연습하는 의미가 없습니다. 실전에서 한창 목을 쓰는 중이라 해도 성대가 쉬어 줘야 할 때가 있는 법이죠.

장단음 훈련에 익숙해졌다면 오늘은 단음 훈련만 한다든지, 최근 목이 닫혀 있는 느낌이 든다면 장음 훈련만 하는 방법도 물론 가능합니다.

단체 연습을 한다면, 마지막까지 하고 싶은 사람은 일단 마지막까지 하고, 일부만 하는 사람은 기다리면서 몸을 푼다든지 S음 훈련을 하는 식으로 나누면 됩니다.

중간중간 물을 마셔서 목 점막을 촉촉하게 적셔야 합니다. 목이 메말라 있는 상태에서 계속 무리해서 연습하지 마세요. 자기 목은 스스로 관리해야 합니다.

Ⓑ 단음을 계속하면 목이 따가워요.

성대를 눌렀을 가능성이 큽니다. 실제로 '아, 에, 이, 우, 에, 오, 아, 오'를 단음으로 갑자기 시작하는 훈련을 하는 경우도 꽤 있는데요, 그렇게 하면 우리 몸은 '발성이란 목에 힘을 주어서 숨을 성대에 부딪치는 것'이라고 착각할 수 있습니다.

목이 따갑다면 다시 장음으로 돌아갑니다. 답답할지도 모르지만 결국은 이것이 지름길입니다.

단음을 낼 때 목소리를 앞으로 내지 않고 위로 올리는 사람도 있습니다. 목이 따끔거리기에 자연히 연구개를 쭉 올려서 위로 공명하는 겁니다. 목소리를 앞으로 낼 때도 연구개가 조금 올라가긴 하지만, 연구개를 의식해서 올려 버리면 목소리가 위로 올라가기 십상입니다.

한번 확인해 보세요.

ⓒ 작은 목소리의 이미지를 그리기 어렵습니다.

'발성 훈련은 큰 목소리로 하는 것'이라는 믿음이 있죠. 실제로는 작은 목소리가 필요한 경우도 꽤 많습니다.

작아도 앞으로 뻗어 나가는 소리가 있고, 작아서 상대방에게 가닿지 않는 목소리가 있습니다.

큰 목소리로 훈련하면 얼굴이 울리는지, 목이 울리는지 알기가 더 쉽습니다. 그러므로 큰 목소리를 내면서(소리치는 것이 아니라 자연스럽게 큰 목소리입니다) 작은 목소리도 확인하세요.

작은 목소리로 단음 훈련을 하면 처음에는 목만 울리기 쉽습니다. 큰 목소리와 작은 목소리를 적절히 섞어서 작은 목소리도 편하게 낼 수 있도록 훈련하세요.

미리 말해 두지만 [훈련 13]에서 [훈련 16]까지는 매일 또는 매회 모든 훈련을 하는 것이 아닙니다. 자신의 몸 상태나 필요에 따라 네 가지 훈련을 자유롭게 나눠 사용하기 바랍니다.

일단 모두 하려면 시간이 너무 많이 걸립니다. 또 날마다 같은 훈련을 되풀이하면 질리죠. 가령 오늘은 **장단음 훈련**과 **높낮이 훈련**, 내일은 **카운트 훈련**과 **서클 훈련**, 이런 식으로 종류를 바꾸면 기분도 전환되고 보다 재미있게 훈련할 수 있을 겁니다.

공명과 목소리를 즐기지 않으면 발성 훈련은 의미가 없습니다. 의무가 되어 지루하게 질질 끌기만 한다면 안 하는 편이 나아요. 싫어하는 일을 할 때 우리 몸에는 힘이 들어가게 마련이죠. 아마 싫어하는 사람과 만날 때라든가 하고 싶지 않은 일을 할 때는 몸이 긴장할 겁니다. '오늘도 재미있어요' 하는 마음이 없으면 몸은 편안해지지 않습니다.

카운트 훈련은 '하나―', '하나―, 둘―', '하나―, 둘―, 세엣', '하나―, 둘―, 세―엣, 네―엣' 이렇게 장음으로 세는 숫자를 하나씩 늘려 가는 것부터 시작됩니다. 목소리를 앞으로 내는 것을 의식하면서 몸 어딘가가 괜히 긴장하지 않도록 주의하세요.

'하나―, 둘―, 세―엣, 네―엣, 다서―엇', '하나―, 둘―, 세―엣, 네―엣, 다서―엇, 여서―엇', '하나―, 둘―, 세―엣, 네―엣, 다서―엇, 여서―엇, 일고―옵', '하나―, 둘―, 세―엣, 네―엣, 다서―엇, 여서―엇, 일고―옵, 여더―얿', '하나―, 둘―, 세―엣, 네―엣, 다서―엇, 여서―엇, 일고―옵, 여더―얿, 아호―옵', '하나―, 둘―, 세―엣, 네―엣, 다서―엇, 여서―엇, 일고―옵, 여더―얿, 아호―옵, 여―얼' 이런 식으로 열까지 세 봅니다. 숨이 남는다면 '열하나―' 이상으로 넘어가도 되지만, '하나―'라고 말하면서 1초 이상 장음을 내므로 쉽지 않을 겁니다. 경쟁이 아니니 절대로 무리하지 마세요. 열까지 세어도 충분합니다.

장음으로 카운트할 거라면 음을 늘이지 말고 같은 길이로 반복합니다. 단음으로 짧게 '하나', '하나, 둘', '하나,

둘, 셋' 하고 말할 때도 신중하게, 아주 신중하게 장음과 세트로 연습합니다.

이제 작은 목소리로 말해 보세요. 장단음 훈련과 같은 식으로 하면 됩니다.

▲ **주의사항**

● 장음으로 열까지는 도저히 못 하겠는데요.

상관없습니다. 그런 경우는 장음을 좀 짧게 하든지, 여덟까지만 하고 끝내도 됩니다.

단음을 해도 좋고, 속도를 다양하게 바꿔서 시도해 보세요. '하나', '하나, 둘' 하고 빠르게 말하거나, 약간 천천히 말하거나 하며 여러 가지 속도를 가지고 놀아 보세요.

물론 목표는 엄청나게 빨리 말하면서도 몸 어느 곳에도 힘이 들어가지 않고 목도 닫혀 있지 않은 상태입니다.

높낮이 훈련

이번에는 '아, 이, 우, 에, 오'를 한 음씩 **높였다가 낮추며** 번갈아 말하는 훈련입니다.

'아'는 무리 하지 않고 가장 높은 음으로, '이'는 무리하지 않고 가장 낮은 음으로, '우'는 또 무리하지 말고 가장 높은 음으로, '에'는 무리하지 말고 가장 낮은 음으로, 이런 식입니다.

그다음에는 '가, 기, 구, 게, 고' 하고 자음을 하나씩 붙여 연습해 나가면 됩니다. '야, 유, 예, 요' 소리도 연습하면 좋고요. 매번 모든 자음을 연습할 필요는 없고 순서도 자유롭게 하면 됩니다. 변화를 주어 여러 종류의 '소리'를 즐겨보세요.

익숙해지면 반대로 '아'를 무리 없이 가장 낮은 음, '이'를 무리 없이 가장 높은 음, 이런 식으로 연습합니다.

이번에는 작은 소리로 해 보세요. 큰 소리와 비교하면 어떤가요?

▲ 주의사항

● 무엇을 위한 훈련인가요?

높낮이 훈련은 소리의 폭을 잊지 않기 위한 훈련입니다. 무리 없이 높은 음, 낮은 음을 즐기는 동안 여러분의 목소리에도 점차 폭이 생길 것입니다.

말을 할 때 어떤 높이의 목소리를 쓸지는 여러분의 감정이나 생각에 달려 있습니다. 하지만 그러기 위해 충분한 폭을 준비해 두자는 뜻에서 하는 훈련입니다.

'아이우에오, 이우에오아, 우에오아이, 에오아이우, 오아이우에' 하고 발음을 돌리는(서클) 방식을 기본으로 하는 단음 훈련입니다.

그다음에는 자음을 붙여 '가기구게고, 기구게고가, 구게고가기, 게고가기구, 고가기구게'를 연습합니다.

처음에는 숨 한 번에 자음 하나씩만 연습합니다. 도중에 숨을 끊지 않고 '사시수세소, 시수세소사, 수세소사시, 세소사시수, 소사시수세' 이런 식으로 한 바퀴씩 돌면 됩니다.

주의할 점은 이제 다들 아시겠죠?

숨 한 번에 해 내려고 힘주어 숨을 들이쉬지 않을 것.

가슴이나 어깨가 쭉 올라가지 않을 것.

배로 확실하게 버텨 낼 것.

목소리는 똑바로 앞으로 낼 것.

자음을 흐리지 않을 것.

요즘 들어 말할 때 자음을 흐리는 현상을 많이 봅니다. '무슨 소릴 하는 거야'라고 해야 하는데 극단적으로 말하자면 '우슨 소릴 아는 거야'라고 말하는 거죠. 물론 이렇게까지 극단적은 아니어도 상당히 불분명한 발음이 많습니다. 한밤중에 길거리를 어슬렁거리는 젊은이들에게서 보이는 특징인데요, 난데없는 얘기 같겠지만 사실이 그런걸요. 어딘가 불량스럽고 쿨하다고 여겨 그런 식으로 말하겠지만, 제 귀에는 바보처럼 들립니다.

서클 훈련을 할 때는 자음을 명료하게 발음합니다. 단, **성대를 쥐어짜서는 안 됩니다.**

익숙해지면 두 가지를 숨 한 번에 말해 봅니다. '아이우에오~'와 '카키쿠케코~', '사시수세소~'와 '타티투테토~' 이런 식으로요.

더욱 익숙해지면 세 가지를 숨 한 번에 해 봅니다. 다만 이는 꽤 어려운 훈련이므로 몸에 힘을 잔뜩 주고 무리해서 숨을 쥐어짜게 된다면 차라리 하지 않는 편이 낫습니다.

버릇이 들면 큰일이니까요. 무리 없이 할 수 있게 될 때 해 보세요.

두 가지, 세 가지를 할 때는 빨리 하려다 보니 자음이 흐려지곤 합니다. 모음만 들리게 되지 않도록 주의하세요.

작은 목소리로도 훈련을 해 보세요.

매번 작은 소리를 할 시간이 없을 때는 큰 소리 여러 번에 작은 소리 한 번씩만 하면 됩니다. 작은 소리의 목표 역시 확실히 앞으로 뻗어 나가는 목소리, 낭랑한 목소리를 편안하게 내는 것입니다.

▲ 주의사항

● 숨 한 번에 세 가지씩은 어려운데요.

그럴 겁니다. 힘을 주어서 자음을 흐리면 그럭저럭 될 수도 있지만, 쓸데없이 힘을 주지 않고 명료하게 세 가지를 발음하는 것은 꽤 어려운 기술입니다.

또한 '하히후헤호'로 들어가면 숨을 쉽게 써 버리게 되어 날숨을 조절하기가 어려워집니다. 제대로 조절하려면 많은 연습이 필요합니다. 무리하지는 마세요.

III
머릿속에 목소리의 벡터를 그리자

⊙

이제 발성에 필요한 다섯 요소 가운데 마지막, **머릿속에 목소리의 벡터를 그려 본다**는 내용입니다.

지금까지 설명한 훈련을 통해 **목소리가 앞으로 뻗어 나간다**는 것은 깨달았을 겁니다. 목소리가 머리 위나 뒤가 아니라 앞으로 뻗어 나가는 모습을 머릿속으로 그려야 합니다. 금방 하지 못해도 괜찮습니다. 그러니까 훈련을 하는 거죠. 타인의 목소리를 듣는 것만으로 '아아, 저 사람은 목소리가 머리 위로 나오는구나'라고 확실히 느끼게 된 분도 있을 겁니다. 잘 되지 않더라도 언젠가는 분명 느끼고 구별할 수 있을 테니 조바심 내지 마세요.

'목소리가 앞으로 뻗어 나가는 것'은 물론 중요합니다. 그런데 앞으로 뻗기는 하지만 휘청휘청하다가 상대방에게 가닿지 않고 도중에 바닥에 떨어지는 듯한 목소리를 들은 적은 없나요?

앞으로 뻗어 나가기는 하지만, 상대를 찌를 듯한 억센 목소리는요? 앞으로 뻗어 나가는데 똑바로 상대방에게 가닿지 않고 샤워기에서 나오는 물처럼 퍼진다고 느낀 적은요?

내가 내는 '목소리'의 이미지를 확실히 가져야 합니다.

저는 그것을 '벡터'라고 부릅니다. 벡터는 풀어서 말하자면 '방향과 크기'를 지니는 것입니다. 우리 목소리에도 방향과 크기가 있습니다.

목소리에는 묘한 힘이 있어서 그 '방향과 크기'를 머릿속에 확실히 떠올리면 그런 목소리가 나옵니다.

이번에도 다른 사람을 관찰하는 것부터 시작해 보죠.

상대방에게 말하는데 중간에 땅으로 떨어지는 목소리를 들은 적 있나요? 그림으로 그리면 이런 느낌입니다.[**그림 III-1**] '방향'은 맞는데 '크기'가 부족해 중간에 떨어져 버리는 벡터(화살표)죠. 이런 목소리는 혼잣말을 하는 것처럼 답답하게 들립니다. 좀 더 분명히 말해 주었으면 하는 마음이 들죠.

다음은 앞으로 뻗어 나가기는 하지만 상대를 찌르는 목소리입니다.[**그림 III-2**] 이는 '방향'은 맞지만 '크기'가

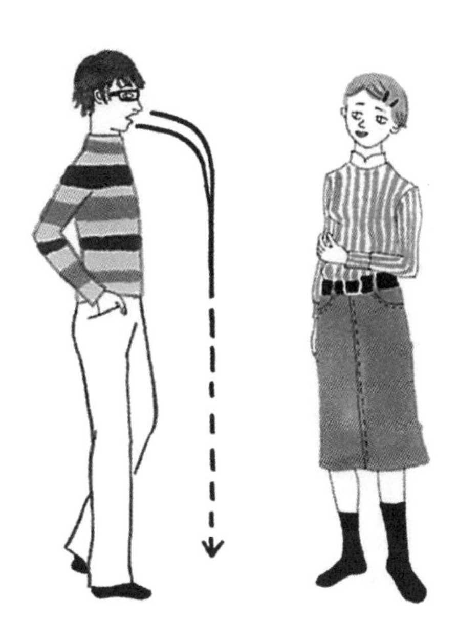

[그림 III-1] 목소리에 힘이 없고 바로 앞으로 떨어지는 느낌.

너무 큰 화살표입니다. 이런 목소리는 귀에 거슬리고 불쾌해서 듣고 있기가 힘들죠.

다음은 샤워기 물처럼 퍼지는 목소리입니다.**[그림 III-3]** 이는 '방향'이 정해져 있지 않은 경우라 할 수 있는데, 목소리가 앞으로 가면서 동시에 옆으로도 갑니다. 퍼지는 정도만큼 '크기'가 부족해질 수밖에 없죠. 이런 목소

[**그림 III-2**] 너무 강한 목소리

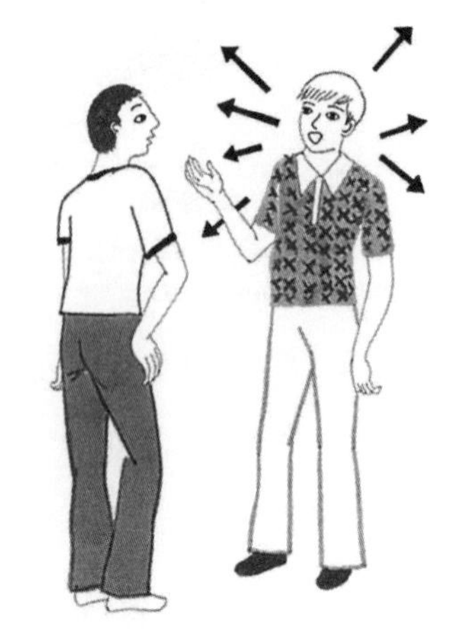

[**그림 III-3**] 사방으로 퍼지는 목소리

리는 힘이 없고, 상대방은 자신에게 말을 거는 느낌이 들지 않습니다. 그러나 말하는 사람은 많은 에너지를 쓰므로 상대방에게 충분히 가닿는다고 여기곤 하죠. [**그림 III-1**]처럼 말하는 사람은 '크기' 면에서 목소리가 가닿지 않는다는 사실을 스스로도 느끼기도 하고요.

자신이 내는 목소리를 머릿속에 벡터로 그려 보세요.

이제부터 소개하는 훈련은 필요에 따라 취사선택하면 됩니다.

목표 훈련

장단음 훈련, 카운트 훈련, 높낮이 훈련, 서클 훈련을 하면서 목소리의 벡터를 떠올리는 훈련입니다.

발성 훈련을 하는 장소가 실내라면 먼저 주변 공간을 의식해 봅니다. 몸에서 쓸데없는 힘을 빼고 공간 전체를 느껴 보세요.

목소리의 벡터가 그 공간 전체를 채운다고 생각하세요. 굵고 넓은 화살표가 입에서 나오는 모습을 떠올립니다.

얼마간 감각을 즐겼다면, 이번에는 눈앞에 있는 어떤 한 점을 향해 목소리를 내 보세요. 칠판에 있는 흠집 하나라든가 포스터 한가운데를 향해서, 화살처럼 날아가는 벡터를 의식하면서.

그다음에는 칠판 전체라든가 포스터 전체처럼 비교적 넓은 것을 향해 목소리를 내 보세요.

이렇게 벡터의 종류를 바꾸어 가며 훈련을 해 보기 바랍니다.

물론 장단음, 카운트, 높낮이, 서클 훈련을 하는 대신 그저 '아' 하는 목소리만으로 해도 상관없습니다. 한 점을 향해 목소리를 내는 것도 화살처럼 빠른 버전이나 천천히 살금살금 다가가는 버전 등 다양한 방법이 있을 겁니다.

어떤 목소리를 낼 때도 내 목소리의 벡터를 확실히 느껴야 합니다. 그저 건성건성 소리를 내는 것은 시간 낭비일 뿐입니다.

발성 훈련하는 장소가 체육관처럼 넓은 곳이거나 실외라도 기본 방법은 변하지 않습니다.

우선 공간을 의식합니다. 실외라면 여러분의 '몸'이 느낄 수 있는 범위면 됩니다. 머리로 실외 공간 모두를 느끼려 하는 것은 무리니까요. 자연스레 느끼는 공간에 목소리를 채운다는 이미지로 시작하세요.

양팔을 130도쯤 벌린 전방의 공간일 수도, 60도쯤만 벌린 공간일 수도 있습니다. 익숙해지면 편안하게 의식할 수 있는 공간의 폭이나 높이가 넓어질 테니 조바심 낼 필요 없습니다.

방법은 실내와 마찬가지입니다. 먼저 그 공간에 도달

하는 벡터를 상상해서 목소리를 내 보고, 다음에는 목표물을 정합니다. 나무 한 그루의 정중앙도 좋고, 전신주 한가운데도 좋습니다. 그곳을 향해 목소리를 내 보세요.

잠시 즐겼다면 이번에는 다른 목표물을 정합시다. 건물 전체라든지, 나무 전체라든지요.

그저 떠올리기만 했는데도 목소리가 달라졌을 겁니다.

가끔 제 목소리가 확실히 보일 때가 있습니다. 오컬트를 이야기하려는 게 아닙니다. 제가 낸 목소리가 눈에 선하게 보이는 듯한 느낌을 받을 때가 있다는 말입니다.

멀리 있는 사람을 불러 세울 때는 목소리가 화살표처럼 슈웅, 엄청난 힘으로 날아갑니다. 벡터의 화살표가 가늘고 날카로워진 것이 보입니다. 멀리 있는 사람에게 부드럽게 말을 걸 때는 화살표가 굵고 길며, 천천히 날아가는 것이 보입니다.

많은 사람 앞에서 이야기할 때는 목소리가 와—앗, 하고 부채처럼 넓어져 전체를 감싸지요. 벡터의 화살표가 와—앗, 하고 펼쳐져서 부채꼴이 되는 겁니다. 몸 상태가 안 좋거나 마음이 초조할 때는 목소리의 부채꼴 벡터가 전체를 감싸지 못하고 양 옆으로 몇 명씩 빠뜨리는 것이 분명하게 보입니다.

다양한 목소리를 내면서 자신의 벡터를 떠올리세요. 놀이하는 감각으로 다양한 대상에 목소리를 보내 보는 겁니다. 마지막에는 기본적인 '공간을 의식'하는 목소리로 돌아오시고요.

▲ **주의사항**

● 도저히 목소리의 벡터가 그려지지 않아요.

목표물을 사람으로 정하면 그리기 쉬워집니다. 다음 훈련인 **말 걸기 훈련**에서 설명하지요.

연극계에서는 유명한 훈련이죠. 해 보신 분도 있을 듯하군요.

여러 명(5-6명이 적당합니다)이 등을 보이고 섭니다(앉아도 좋고요). 한 사람이 2-3미터 떨어진 곳에서 그들 중 한 사람에게 말을 거는데요**[그림 18-1]**, 먼저 누구에게 말을 걸지 소리 없이 손가락으로 가리킨 다음에 말을 겁니다.

뒤돌아선 사람들은 자신에게 말을 걸었다고 느낀다면 손을 들고, 아니면 가만히 있습니다.

이때 말을 거는 사람은 말 걸기에 적절한 말을 골라야 합니다. 무슨 말이냐 하면, '아'라든가 '옷'이라고 하는 사람이 반드시 있더라고요. 벡터를 의식하지 못하는 사람일수록 그렇게 실생활에서 거의 쓰지 않는 소리로 말을 거는 경

[그림 18-1]
확실한 이미지를 떠올리며 말을 건다.
자기에게 말을 걸었다고 생각하는 사람은 손을 든다.

향이 있습니다.

여러분은 어떻게 말을 거시나요? 다른 이를 부르는 소리부터 확인해 봅시다. '저기'라든가 '여보세요'라든가 '저'라든가 '잠깐만'이라든가, 골라 보세요.

단순한 게임으로도 할 수 있지만, 한 번 말을 걸 때마다 뒤돌아선 사람들에게 감상을 들으면 효과가 더욱 좋습니다.

예를 들어 보겠습니다. '저기'라고 말을 걸었습니다. 참여하지 않은 사람들은 목소리가 돌아선 사람들에게 가닿기 전에 땅에 떨어진 것 같다고 느낍니다.

손을 든 사람은 아무도 없었습니다. '목소리가 멀리서 난 느낌'이라든가 '나에게 말을 걸지 않는 느낌'이 들었다는 감상이 나왔습니다. 모두의 감상을 합치면 목소리의 벡터가 어떻게 나아갔는지 확실히 파악되기도 합니다.

잘 안 된다고 해서 주눅 들 것 없습니다. 즐기되, 목소리의 벡터를 의식하면서 가지고 놀아야 합니다.

▲ 주의사항

● 달리 주의할 점은 없나요?

돌아선 이들은 편안히 서서 그저 '듣기만' 합니다. 너무 날을 세울 필요는 없습니다. 못 알아맞히더라도 괜찮습니다.

"나에게 말을 거는 것 같긴 한데 나한테까지 이르지 않은 느낌이야." 이런 감상도 재미있습니다. 목소리의 벡터가 방향은 맞는데 크기가 작은 경우지요.

또한 목소리를 강하게 내는 바람에 두세 명이 동시에 손을 들기도 합니다. 방향은 맞았는데 크기 조절이 안 된 거죠. 새된 목소리일 때가 많습니다.

보는 이들은 조용히 집중해서 지켜봐야 합니다. 말을

거는 순간 웅성거리면 훈련하는 의미가 없습니다.

이 훈련은 훈련자가 평소에 내는 목소리의 특징을 놀라울 만큼 잘 알려 줍니다. 목소리에 힘이 없으면 아무도 손을 들지 않고, 힘이 있어도 샤워기처럼 퍼지는 목소리라면 다들 고개를 갸웃갸웃하면서 쭈뼛쭈뼛 손을 듭니다.

관찰자로서 그런 특징을 실감하는 것도 중요한 목소리 훈련입니다.

여러 명이 둥글게 모여 섭니다. 눈에 보이지 않는 가상의 공을 떠올리고, 한 사람이 그 공을 목소리와 함께 누군가에게 던집니다. 살짝 던질 때는 '후와~앙' 하는 소리가 좋을까요? 받은 사람은 다른 누군가에게 다시 공을 던집니다. '슈-욱!' 하는 소리라면 더 힘껏 던졌다는 뜻이겠죠. '팍' 같은 소리는 어떨까요?**[그림 19-1]**

몇 번 하고 나서는 '상대방이 공을 받기 전까지는 계속 소리를 낸다'는 규칙을 더합니다. 상대방이 가상의 공을 받았다고 인식할 때까지 '후와~~~~~~앙'이라든가 '슈——————웅' 하고 계속 공이 날아가는 소리를 내는 거죠.

더 익숙해지면 이번에는 공을 받는 사람도 받은 이미지를 목소리로 표현합니다. 잽싸게 받을 때는 '파슛' 같은 소리? 무겁게 받을 때는 '구와~~~앙'도 괜찮겠네요.

[그림 19-1] 여러 소리로 공을 주고받는다.

공의 크기도 자유롭게 바꿔 봅시다. 처음에는 야구공만 했던 것이 갑자기 비치볼이 되어도 상관없습니다. 더욱 커다란 공이 되어도, 작은 쇠구슬이 되어도 됩니다. 다양한 공으로, 다양한 방식으로 던져 보면 목소리의 다양한 변주를 즐길 수 있을 겁니다. 가상의 공을 머릿속에 확실하게 그리며 그 공이 날아가는 모습을 목소리로 표현해 보세요. **벡터를 머릿속으로 그리는 것과 마찬가지입니다**.

▲ 주의사항

● 어떻게 던져야 하나요?

어떤 방식이든 상관없습니다. 손가락으로 튕겨도 좋고 양손으로 던져도 좋고 발로 차도 됩니다. 중요한 것은 공을 떠올리면서 '목소리'로 표현하는 거죠.

목표 훈련, 말 걸기 훈련, 캐치볼 훈련은 머릿속에 목소리의 벡터를 그리는 데에 매우 효과적인 훈련입니다. 훈련 때마다 다 하기보다는 골라 가면서, 놀이처럼 재미나게 즐겨 보세요.

IV
발음 연습에 관하여

⊙

발성 훈련 책에는 '잰말놀이'* 같은 발음 연습이 반드시 포함됩니다. 명료한 발음을 위한 훈련입니다.

그러나 이 책에는 잰말놀이를 싣지 않았습니다. 이유가 있습니다.

첫째, 잰말놀이를 연습하다 보면 몸에 괜한 힘이 들어가기 때문입니다. 발음이 어려운 말을 애써 하려다가 온몸에 힘이 들어가거나, 턱이나 입술에 힘을 주는 사람도 곧잘 봅니다. 잰말놀이 자체는 부정하지 않겠지만 이걸로 연습할 때는 매우 조심해야 합니다. **발음하기 어려운 말을 할 때 힘을 주는 것이 버릇이 되어서는 안 됩니다**.

둘째, 감정이나 이미지가 없는 말을 열심히 발음하는 버릇이 들까 봐 걱정스럽기 때문입니다. **우리는 우리가 하는 말에 풍부한 감정과 이미지를 담아야 합니다**.

---

* 어렵거나 유사한 소리의 발음을 연습하는 언어 학습 놀이. 빠른 말 놀이라고도 한다.

저는 '아이우에오'를 쓰는 훈련을 고수해 왔습니다. 그건 '아이우에오'에 아무 뜻이 없다는 사실을 다들 알기 때문입니다.(물론 즐거운 기분으로 '아이우에오'를 말할 수는 있겠지만 말 자체에는 뜻이 없지요.)

발성 연습을 계속하다 보면 가장 먼저 의미가 있는 말과 만나는 것이 잰말놀이인데, 잘 모르는 애매한 이미지로 대충 이해해서는 안 됩니다. 자칫 버릇이 될 수 있어요. 감정이나 이미지가 모호해도 그저 열심히 읊조리는 일이 당연해져 버립니다.

'잰말놀이'를 할 때, 어렵더라도 이미지를 떠올리기 쉬운 것을 고르세요. 잰말놀이가 아니라 대사 일부라고 생각하고 이미지를 머릿속에 그리며 말하세요.

일본의 대표적인 잰말놀이인 '나마무기, 나마고메, 나마타마고'(날보리, 날쌀, 날달걀)에서 '나마고메'와 '나마타마고'야 다들 잘 아실 겁니다. 문제는 '나마무기'죠. 하지만 나마무기도 조금만 찾아보면 뭔지 금방 알아낼 수 있습니다. 이미지를 확실히 실감하며 말을 합시다.

뭘 그렇게까지 해야 하느냐고요? 이미지나 감정 없이 빨리 말하는 것은 그런대로 쉽습니다. 하지만 실전에 그렇게 안이한 마음으로 임할 수는 없는 노릇이죠. 이미지를 떠올리며 빨리 말하는 연습이 필요합니다.

저는 잰말놀이 대신에 신문 칼럼을 자주 이용합니다.

처음에는 천천히 소리 내어 읽습니다. 읽기 어려운 부분에서는 무의식적으로 속도가 달라지니 주의하세요. 발음 연습을 위해서는 처음부터 끝까지 같은 속도로 읽습니다. 감정이 고조되거나 이미지를 떠올리며 절로 빨라지는 것은 발음 연습을 한 다음 일입니다. 같은 속도로 읽어 가다가 '아아, 여기는 빨리 읽고 싶은데' 하는 생각이 든다면, 표현에 대한 첫발을 뗀 겁니다. 하지만 발음 연습을 위해서는 의식적으로 같은 속도로 연습해야 합니다.

빨라지거나 느려지지 말고 일정한 속도로 읽습니다. 익숙해져서 읽는 속도를 올렸다면, 그 상태로 일정한 속도를 냅니다.

신문 칼럼을 고른 이유는 어떤 말에도 대응할 수 있는 발음을 준비하고 싶기 때문입니다. 아마 여러분은 태어나 처음으로 입에 담는 말들을 만날 겁니다. '토픽스 주가지수'라든가 '문부과학성 국어심의회' 같은 단어죠. 읽는 속도를 올리면 어떤 말이든 어려워집니다.

또 한 가지 좋은 점이 있습니다. 신문 칼럼이므로 내용이 날마다 바뀌죠. 매너리즘에 빠지지 않고 즐기면서 훈련을 할 수 있습니다.

그리고 실은 다음 이유가 가장 큽니다. 칼럼에는 아마 모르는 단어가 나올 텐데요, 사전을 찾아보고 다른 사람에게 물어보며 어떻게든 이미지로 떠올릴 수 있도록 하는 과정에서 현실과 만날 수 있습니다. 특히 배우는 폭넓은 지식과 호기심을 요하는 직업입니다. 평론가나 전문가 수준이 아니라, 말하자면 넓고 얕은 지식이죠. 넓고 얕아도 괜찮습니다. 갑자기 증권회사 직원이나 정치가, 난치병 환자를 돌보는 자원봉사자 같은 역할을 맡았을 때의 준비가 됩니다.

대본을 받고 비로소 단어 하나하나를 찾아본다면 너무 늦습니다. '경제 개혁' 같은 단어를 대사에서 난생 처음 발음하는 배우를, 관객은 꿰뚫어 볼 겁니다. '아, 저 말은 처음 해 봤나 봐' 하고 금세 얄팍함을 알아차릴 겁니다.

신문 칼럼이 아직 어렵다면 좋아하는 시를 읽으세요. 저는 다니카와 슌타로를 좋아합니다. 「학교」는 정말 감동적인 시죠. 도서관이나 책방에서 한번 찾아보세요.

소설의 한 구절도 좋습니다. 여러분이 좋아하는, 머릿속에 그림 그리기 쉬운 한 구절이면 됩니다. 처음에는 보통 속도로 시작해서 점차 속도를 올리세요. 어떤 속도든 처음부터 끝까지 일정한 속도로 읽어야 한다는 점을 명심하고요.

이때 자음을 흐려서는 안 됩니다. 자음을 어물어물 흐리면 읽는 속도는 빨라지겠죠. 또한 턱이나 목, 어깨, 무릎 등에 너무 힘이 들어가지 않도록 주의합니다.

짝을 이루어 교대로 읽으면서 자음을 흐리지는 않는지, 속도가 일정한지, 이미지가 옅어지지 않았는지를 서로 확인하는 것도 효과적입니다. 원래부터 좋아하는 시나 소설이라면 속도를 올릴 때 이미지가 사라지는지를 스스로 판단하기 쉽습니다.

중간에 목이 긴장되거나 쓸데없는 힘이 들어가기 시작하는 느낌이 들면 속도를 떨어뜨려 장음으로 읽습니다. 신문 칼럼도 마찬가지입니다. 장음으로 한 음씩 늘여서 읽다 보면 다시 목이 열릴 겁니다. 그 감각을 확인하면 다시 한 번 속도를 올립니다.

“발음이 좋지 않은데 어떻게 해야 하죠?”라는 질문도 이따금 받는데요, 사실 발음 자체가 명확하지 않거나 자음을 흐리는 경우가 대부분입니다.

발음이 좋지 않은 이유는 다양합니다.

첫 번째는 **신체 기능 자체에 문제가 있기 때문입니다**. 이의 맞물림이 좋지 않다거나 턱이 잘 움직이지 않는 등의 문제라면 병원에 가 봐야겠죠. 하지만 몸 자체의 문제인 경우는 극히 드뭅니다. 이의 맞물림이 좋지 않더라도 스스로 노력해서 깨끗한 발음을 내는 사람도 있습니다.

두 번째는 **단순히 '말'하는 훈련이 부족해서입니다**. 또 '말도 안 되는 소리'라고 생각할지 모르지만, 명료한 발음으로 분명하게 말할 시간이 거의 없는 사람이 발음이 좋지 않은 경우가 많습니다. 휴대전화로 오래 이야기하는 것은 혼잣말에 가까우므로 또렷하지 않은 발음이 이어지죠. 또 친구 사이에서는 서로의 발음이나 언어 습관에 익숙해서 발음이 흐릿해도 별 문제 없고요. 이런 사람은 친구 말고 다른 사람과 말할 때는 극단적으로 말이 짧아지곤 합니다.

예를 들면, 교무실에 와서 "선생님 프린트"라고만 말하는 학생이 있죠. 선생님이 "무슨 프린트?"라고 물으면 "지난주"라고 또 짧게 대답합니다. "지난주 프린트라니 대체 무슨 소리야?"라고 선생님이 길게 물으면 "안 받았어요." "왜?" "결석해서." 이렇게 전보 같은 대화를 합니다. 처음부터 "선생님, 지난주 프린트 말인데요, 저 결석해서 못 받았으니 하나만 주실래요?"라고 제대로 말할 수 있다면 대부분 발음 걱정 따위는 할 필요가 없습니다.

왠지 도덕 수업 같죠? 그렇지 않습니다. 우리는 윗사

람이라든가 선배라든가 처음 만난 중요한 사람에게 중요한 이야기를 할 때는 분명하게 발음하려 합니다. 그런 훈련을 많이 하다 보면 자연히 발음이 좋아집니다.

편한 친구들하고만 이야기하면 발음은 또렷해지지 않습니다. 말이 엉키거나 막혀도 아무렇지 않죠. 그 실패를 심각하게 받아들이지 않고 친구도 절대로 발음이 나쁘다고 지적하지 않습니다.

그러나 많은 사람 앞에서 말하거나 껄끄러운 선배를 설득할 때나 윗사람과 긴 이야기를 나눌 때는 그런 실패를 자각하게 됩니다. 제대로 전하려고, 말을 소중하고 명료하게 다루려고 합니다. 하지만 그런 경험이 적고 단어만 나열하면서 살아온 사람은 중요하고 긴 이야기를 제대로 말하지 못합니다.

세 번째는 두 번째 이유와도 조금 관련이 있는데, **지금껏 한 번도 소중한 이야기나 중요한 말을 한 적이 없기 때문입니다**.

이번에도 말도 안 되는 소리 같죠? 두 번째 예시의 선생님처럼 상대방이 말을 계속 끌어내 주면 중요한 말을 할 필요가 없어집니다. 앞서 말한 학생은 단어의 나열이긴 해도 그 단어 하나하나는 명료하게 말하려는 의지가 있다고 볼 수 있습니다.

그런데 이번 경우에는 단어 하나하나가 모두 자음이 흐립니다. 그런 사람들이 있어요. 자음을 흐리는 현상은 한밤중에 어슬렁거리기 좋아하는 젊은이에게 많이 나타난다고 앞에서 이야기했죠. 그런데 우두머리가 되면 말이 조금씩 명료해집니다. 다른 패거리와 싸워 살아남기 위해 작전을 짜야 하는 상황이 되면 흐리기만 하던 자음이 점점 뚜렷해집니다. 멤버에게 작전을 제대로 지시해야 하니까요. 애매하게 말할 여유가 없습니다. 하지만 지시를 듣기만 하는 쪽이라면 여전히 흐릿하죠. 중요한 말을 안 하니까 명료하게 말할 필요가 없거든요. 이런 사람이라면 아무리 잰말놀이를 연습해도 나아지지 않습니다. 그보다 상대방에게 자기 마음을 꼭 보여 주겠다고 결심하고, 웅얼웅얼대면서도 말하려고 애쓰는 편이 발음에 좋을 겁니다.

그래도 좀처럼 자기 의사를 제대로 전할 수가 없어서 울화가 치민다고요? 그렇다면 자음을 여전히 흐리는 상태입니다.

부모님이 뭐든 다 해 줘서 정말로 소중한 말을 입 밖으로 내 본 적이 없는 젊은이도 있죠. 그런 사람의 말은 흐물흐물 녹아 있습니다.

또한 본심을 숨기고 줄곧 주위에 맞추어 살아온 사람도 발음이 불분명하기 쉽습니다. 확실히 말하는 것에 스스로 브레이크를 걸고 있는 거죠. 상대방에게 할 말을 또박또박 하는 것은 퍽 용기가 필요한 일입니다. 대충 그 자리의 분위기에 맞춰서 재잘재잘대기는 쉽지만, "솔직히 이런 건 하고 싶지 않아" 하고 본심을 제대로 말하는 데는 용기가 필요합니다.

네 번째 이유는 **말을 근본적으로 신뢰하지 않기 때문입니다.**

많은 사람이 사랑에 빠졌을 때 난생처음으로 소중하고 중요한 말을 할 겁니다. 좋아하는 사람이 생겨서 '그 사람과 어떻게든 이야기를 나눠야지', '그 사람에게 나를 알려야지' 하고 노력할 때 말과 대면하게 됩니다. 그 과정에서 노력하면 할수록 흐렸던 자음은 명료해집니다. 하지만 마음 깊숙한 곳에 '말 따위, 실제로는 의미가 없어. 말은 상관없어'라는 생각이 있다면 발음이 좋아지지 않습니다. 그런 사람은 연애하다 문제가 생겼을 때 말로 어떻게든 해결하려고 하지 않고 '때리거나' '입을 꾹 다물거나' '도망치거나' '그저 울거나' '금세 헤어지거나' '웃으면서 넘기거나' 합니다. 이는 제가 간섭할 일은 아니지만, 적어도 발음 연습을 위해서는 모두 마이너스가 됩니다.

참고로 어린아이인데 이상하리만치 발음이 좋은 경우도 보았습니다. 부모 사이가 좋지 않은데 아이가 열심히 중간 역할을 하려고 갖은 애를 쓴 결과죠. 응석 부릴 때는 자음이 흐려지지만, '내가 어떻게든 해야 해'라고 생각하면 발음이 또렷해지겠죠. 이 또한 좋다 나쁘다 간섭할 문제는 아닙니다.

말을 신뢰하지 않는다면 발음 개선은 기대하기 힘듭니다. 그런 사람을 만나면 저는 언제나 "물론 말이 전부는 아니에요. 하지만 말을 끝까지 하면 말로 할 수 없는 것이 겨우 보이더라고요"라는 이야기를 해 줍니다. 말을 신뢰하지 않는 사람은 말로 하는 것을 처음부터 포기합니다. 그러면 무엇이 보이고, 무엇이 보이지 않는지를 잘 모른 채로 끝나고 말죠. **일단, 말을 신뢰해 보면 어떨까요? 그러면 말로 할 수 없는 것이 보이니까요.**

자기 발음이 나쁘다고 생각하는 사람은 개선의 여지가 있습니다. 자음을 흐리거나 발음이 불분명하다는 것을 전혀 자각하지 못할 때 문제가 되죠.

발음에 자신이 없을 때는 자기 목소리를 녹음해서 들어 보는 간단한 방법이 가장 효과적입니다. 좋아하는 시든

소설이든 신문 칼럼이든 잰말놀이든, 뭐든 좋으니 일단 오랜 기간 수없이 녹음하고 들어 보세요.

아마 녹음한 목소리가 낯설어 깜짝 놀랄 겁니다. 우리는 목소리를 낼 때 바깥쪽과 안쪽 모두에서 자기 목소리를 듣습니다. 바깥쪽은 귀, 안쪽은 몸 안에서 공명한 음을 내이內耳가 듣고 있지요. 녹음기로 녹음한 소리는 타인이 듣고 있는 내 목소리에 매우 가까운 소리입니다.

자신의 목소리를 객관적으로 듣고 나면 발음을 개선하기가 한결 쉬워집니다.

훗날 다른 사람 앞에서 공개적으로 목소리를 내기 전에 자신의 목소리를 파악하는 거죠. 그러면 발음 등 자신의 문제를 좀 더 구체적으로 알게 됩니다.

말을 더듬는 문제를 한번 살펴볼까요. 말을 더듬는 사람은 모든 말을 더듬지 않을까 싶겠지만, 그렇지 않습니다. 말을 더듬는 사람에게는 어려운 말이라는 것이 반드시 있습니다. 그 말이 첫머리에 오면 더듬게 되는 겁니다. 모든 말을 더듬는 것이 아니고요.

'즐'이 처음에 나오면 더듬는 사람은 '즐겁다'는 말 대신 '기쁘다'로 표현을 바꾸기도 합니다. 말을 더듬는 사람은 자신이 하는 말에 민감합니다.

발음도 마찬가지입니다. 발음이 나쁘다고 해도 모든 발음이 나쁜 경우는 드뭅니다.(자음을 전체적으로 흐리는 경우는 빼고요.)

만약 발음이 나쁘다면 어떤 조합으로 말할 때 말을 더 듬는지, 제대로 말하지 못하는지를 스스로 깨우치려 해야 합니다. 그저 막연히 발음이 나쁘다고 생각만 해서는 의미가 없습니다.

발음을 잘하기 위해서 혀를 풀고 혀를 잘 움직이게 하는 훈련입니다. 다양한 방법이 있지만 대표적인 몇 가지를 소개하겠습니다. 골라 가며 즐거이 훈련해 보세요.

(A) 돌리기

입 속에서 (볼 안쪽을 핥듯이) 혀를 빙글빙글 돌립니다. 오른쪽으로 돌리고, 왼쪽으로 돌리고. 작게 돌리고, 크게 돌리고.

그다음에는 입을 벌려서 혀를 내밀고 빙글빙글 돌리세요. 오른쪽으로 빙글빙글, 왼쪽으로 빙글빙글.

(B) 위아래로

혀를 입 밖으로 내밀어 상, 하, 좌, 우, 오른쪽 위, 왼쪽 위, 대각선 오른쪽 아래, 왼쪽 아래로 움직입니다. 여럿이 훈련할 때는 누군가의 구령에 맞추어 움직여도 됩니다.

(C) 진동

입을 벌려서 '루루루루'라든가 '라라라라라' 하면서 혀를 떱니다. 입 속에서 혀를 계속 튕기는 느낌입니다. 익숙해지기 전에는 계속 이어 가기 힘들 수도 있지만, 힘을 빼고 편하게 하면 좋은 혀 마사지가 됩니다.

(D) 춤추기

거울을 보면서 입을 벌리고 음악에 맞추어 혀를 움직입니다. 혀가 댄서라고 생각하고 다양한 동작으로 움직여 보세요.

▲ 주의사항

● 혀를 움직이다 보면 금세 지치는데요.

혀를 움직일 때 혀에 힘을 주지 마세요. 편안한 상태에서 혀를 움직여야 합니다. 혀에 힘을 주면 오히려 발음 연습에 방해가 됩니다. 혀에 힘을 준 채로 장시간 훈련하면 혀에 경련이 일어나기도 합니다. 아무쪼록 힘을 빼세요.

입술 훈련 역시 발음을 위한 훈련입니다.

(A) 진동

힘을 빼고 입술을 다문 채로 부르르르르르르 떱니다. 입술 사이로 숨을 계속 내보내 입술이 튕기는 느낌이죠. 입술에서 힘을 빼지 않으면 좀처럼 이어 갈 수가 없습니다. 가끔씩 턱을 마사지하면서 편안하게 이어 가세요. 음정을 바꿔 가며 놀이처럼 해 보세요.

(B) 여닫기

'파'나 '마'처럼 입술 양쪽이 맞부딪히는 말을 하나 골라서 '파—파파, 파—파파, 파—파—파—파파'라는 리듬을 되풀이합니다. 되도록 빨리 합니다. 혀에도 입술에도 힘을 주지 마세요. 빠르면서도 편안하게 입술을 움직입니다.

(C) 마사지

먼저 입술을 내민 다음 뒤로 당기면서 원을 그리듯 돌립니다. 어디까지나 마사지니까 힘을 주지 마세요.

▲ 주의사항

● 입술에 힘이 들어가는데요.

잰말놀이 같은 걸 많이 연습한 결과 말할 때 입술에 무의식적으로 힘이 들어가는 분이 있습니다. 정확히는 말할 때 입 주변 근육을 뒤로 당겨 버린다고 할 수 있죠.

입을 뒤로 당기면서 말해서는 안 됩니다. 그러면 볼이나 입 주변 근육이 긴장합니다. 정확히 말하고 너무 제대로 입을 벌리려 하는 바람에 긴장하게 되는 겁니다.

입술과 입 근육을 의식하지 마세요. 목소리의 벡터를 상상하는 일에 집중해서 우선 목소리를 앞으로 내려고 애써 보세요. 입 주변이 긴장한다면 마사지를 해 주세요.(45

쪽 [**그림 2-2**]를 참조하세요.)

역시 발음 훈련입니다. 얼굴에서 쓸데없는 긴장을 빼줍니다. 근육이 자극받아서 얼굴 표정이 풍부해지는 효과도 있습니다.

(A) 당기기

보이지 않는 실이 위에서 얼굴을 잡아당긴다고 상상해 보세요. 얼굴의 모든 부분(눈, 코, 눈썹, 입, 볼)이 위로 쭈욱 당겨지는 느낌이 들 겁니다. 주위에서 보면 꽤 이상한 얼굴이겠지만 신경 쓰지 마세요. 그다음에는 아래로 당깁니다. 모든 부분을 아래로요. 이어서 오른쪽, 왼쪽, 오른쪽 위, 왼쪽 위, 오른쪽 아래, 왼쪽 아래로 당깁니다. 여럿이 하는 훈련에서는 구령과 함께 하는 것도 재미있겠죠.

(B) 알사탕

입 안에 커다란 알사탕을 머금고 있다고 상상해 보세요. 입은 다물고 있는데 당장이라도 알사탕이 입 밖으로 튀어나올 것 같습니다. 엄청나게 달콤한 사탕이죠. 얼굴 전체로 달콤함을 받아들입니다.

잠시 달콤하게 빨아먹다가 엄청나게 신맛으로 변했다고 상상합니다. 우메보시(일본식 매실 절임) 같은 신맛입니다. 얼굴 전체로 신맛을 받아들여 봅시다. 입은 열거나 닫거나 하면서 신 사탕을 입 안에서 굴려 보세요. 얼굴 근육이 이리저리 움직일 겁니다.

마지막으로 엄청나게 맛있는 맛으로 상상을 끝내면 왠지 행복한 기분이 들지요.

(C) 찡그리기

알사탕 훈련의 조금 더 간단한 버전입니다. 그냥 얼굴을 잔뜩 찡그립니다.

▲ 주의사항

●또 다른 방법이 있나요?

가장 간단한 방법은 양손으로 얼굴을 마사지하는 것입니다. 조금이라도 긴장했구나 싶으면 일단 마사지를 하세요. 효과가 좋답니다.

V
목소리를 지키기 위하여

⊙

이상으로 기본적인 발성 훈련은 끝입니다. 초보자든 숙련자든 최소한 이것만큼은 알아 두었으면 하는 내용만 압축해서 썼습니다.

마지막으로 **목소리를 지키려면** 어떻게 해야 하는지 알려 드리죠.

발성 훈련을 한창 할 때는 일단 수분을 섭취해서 목을 적절히 적셔 줘야 합니다. 다만 차가운 물은 피하세요.

앞에서 말했지만 목에는 급격한 온도 변화가 큰 적입니다. 차가운 물을 벌컥벌컥 마시거나 차가운 공기를 한 번에 들이마시면 내후두근에 부전마비가 일어나기도 합니다. 음식도 마찬가지입니다. 발성 전에는 너무 찬 음식을 먹지 마세요.

에어컨 바람이 얼굴에 직접 닿는 곳은 연습 장소로 최

악입니다. 성대 점막이 메마르고, 그대로 계속 소리를 내다 보면 성대가 심하게 부딪쳐 목이 쉴 수 있습니다.

여성은 생리 중에 목이 쉽게 쉽니다. 최근 연구 결과를 통해 생리 때 성대 점막이 충혈되고 동시에 점액이 부족해지기 쉽다는 사실을 확인했습니다. 또한 복식호흡 운동이 약해지는 경향이 있습니다. 골반저의 유연성이 사라져서 배로 충분히 지탱하지 못하는 것이 원인이라고 추정하고 있습니다.

발성 훈련을 해야 한다면 목소리를 아끼는 편이 좋습니다. 실전과 생리가 겹쳤을 때는 세심한 주의가 필요합니다. 훈련 때 내던 것과 같은 목소리를 내려 하면 뱃심이 약해진 만큼 성대로 만회하려고 애쓰다 보니 성대 점액이 부족해져서 목소리가 쉬게 됩니다.

이때는 스스로 판단해서 최대 성량의 80퍼센트만 내거나, 실전에서 말고는 성대를 쓰지 않도록 조절해야 합니다. 자신의 성대에 세심한 주의를 기울이세요.

감정이나 목소리에 대한 이미지를 떠올리지 않은 채 큰 목소리를 내려 해도 목이 금세 쉽니다.

가령 화가 폭발해서 자기도 모르게 큰소리를 낼 때는 그 목소리를 내도록 몸이 제대로 움직입니다. 배가 확실히 소리를 지지해 주니까요. 하지만 '왜 이렇게 큰소리로 말해야 하는지 모르겠지만 연출가가 그러라고 하니까'라든가 '여기서 왜 크게 소리치는 거지? 감정이 따라가지 않아. 하지만 모두 열심히 하고 있으니 나도 일단 소리쳐야겠지' 하는 마음으로 소리를 내면 목이 바로 쉽니다. 그럴 때는 최대 성량을 내는 대신 감정과 이미지를 찾아야 합니다.

술은 적당히 마시면 문제가 없습니다. 술을 마시고 노래방에 가면 알코올에 의해 성대가 적당히 활성화되어 목소리가 잘 나옵니다. 그렇다고 신이 나서 계속 노래를 부르면 성대가 충혈되고 폴립*이 생길 수도 있습니다.

또 술을 너무 많이 마시면 목이 칼칼해지는 탈수 증상이 일어나면서 성대 점막이 건조해집니다. 술을 마시고 목소리가 쉬는 가장 큰 원인은 술을 마시면서 담배를 피우기 때문입니다. 성대가 활성화되어 있으니 왠지 기분이 좋아져서 자기도 모르게 성대를 혹사하는 거죠. 어쩔 수 없다면 말하는 동안 계속 배를 의식하세요.

잘 때 적당히 적신 마스크를 한 채로 자면 목을 지킬 수 있습니다. 깨어 있을 때 마스크를 하는 것도 물론 성대 보호에 효과적입니다.

매운 음식은 사실 성대와 관련이 없습니다. 다만 기

* 성대에 무리를 가하면 발생하는 말미잘 모양의 종기.

관 점막을 손상시킬 가능성이 있습니다. 목소리를 쓰는 일을 장기간 여러 차례 하고 나면 기관 점막이 상할 수 있는데, 그럴 때 목을 쓰고 나서 바로 매운 것을 먹으면 점막 손상이 더욱 심해져 공명 효과를 저하시킨다든지 통증을 동반하기도 합니다. 목이 전혀 상하지 않았을 때는 매운 것을 먹어도 상관없습니다.

그 밖에도 생고기가 목에 좋다는 등 여러 가지 속설이 있지만, 사실 자기 목에 무엇이 좋은지는 스스로 알고 있어야 합니다.

담배는 목에 백해무익합니다. 그런데 음성학 연구자이자 발성·구음 지도자인 이소가이 야스히로 씨에게 듣기로는 '소리를 낮추기 위해 공연 직전에 담배를 피워서 성대를 약간 상하게 만든 후 노래하는 오페라 가수'도 있다더군요. 깜짝 놀랐습니다. 담배를 피운다는 사실에도 놀랐지만, 그 정도로 자신의 목 상태를 파악하고 있다는 데 더욱 놀랐죠.

그러므로 탄산음료든 매운 음식이든 모과든 정답은 없습니다. '더 하면 목이 쉬겠구나', '오늘은 차가운 맥주를 들이켜도 괜찮겠다', '목이 불편하네' 등등 내 목에 무엇이 좋고 무엇이 나쁜지를 파악하는 것이 중요합니다.

그러려면 평소에 자신의 목에 민감해지는 수밖에 없습니다. 술 마신 다음 노래방은 안 된다기보다는 어느 정도 성량으로 얼마나 노래하면 목이 이상해지는지 본인이 알아야 합니다.

내 목은 다른 누구도 아닌 나 자신이 관리해야 합니다.

VI
목소리의 다섯 요소

⊙

내 '목소리'에 민감해졌나요? 그러면 이제 일상에서 목소리를 매력적으로 만드는 법을 알려 드리죠.

감정이 바뀌면 목소리도 바뀝니다. 연기하는 경우를 예로 들어 보죠. '어떻게 하면 목소리가 바뀔까?'라는 대사를 해야 하는 상황입니다. 짜증 내고 화내면서 말하는 목소리와 두근두근 기뻐하면서 말하는 목소리는 다를 수밖에 없습니다.

한편, 감정 외에 목소리의 무엇을 바꾸면 이 대사가 달라질까요?

워크숍에서는 참가자들에게 이 대목을 깊이 생각해 보라고 요구하는데, 여러분도 5분쯤 생각해 보시면 좋겠습니다. 답을 알려드리겠습니다.

먼저 **성량**입니다. 성량을 바꾸면 말의 느낌도 바뀝니다. 여러분은 평소에 목소리의 성량을 몇 종류로 나눠 쓰고 있나요? 자각하지 않은 채 대충 말하지는 않나요? 말하는 내용이 아니라 목소리의 성량이 장소에 맞지 않아서 혼자만 뜨는 사람은 없나요? 바로 그런 사람이 성량을 자각하지 못한 경우입니다.

여러분이 낼 수 있는 가장 큰 목소리로 '어떻게 하면 목소리가 바뀔까?' 하고 말해 보세요. 성대를 조심히 다뤄야 합니다. 이번에는 가장 작은 목소리로 말해 보세요. 방금 낸 가장 큰 목소리와 가장 작은 목소리 사이에서 평소에 목소리 성량을 몇 종류로 나누어 쓰는지요? 이제 평소 내는 성량으로 말해 보세요. 그것 말고 더 있나요? 몇 종류인가요?

다음은 **높낮이**입니다. 높낮이를 바꾸면 말의 느낌이 달라집니다. 낼 수 있는 가장 높은 목소리와 가장 낮은 목소리로 말해 보세요. 가장 높은 목소리와 가장 낮은 목소리 사이에서 평소에 몇 종류의 높낮이를 나누어 사용하나요? 목소리를 자각하지 못하고 있다면 한 종류, 많아야 두 종류일 겁니다.

세 번째는 **빠르기**입니다. 속도를 바꿔도 목소리가 달라집니다. '어떻게 하면 목소리가 바뀔까?'를 되도록 빠르게 세 번, 자음을 흐리지 말고 발음해 보세요. 이번에는 '어–떻–게–하–면–목–소–리–가–바–뀔–까?'라고 숨 한 번에 되도록 천천히 말해 보세요. 여러분이 평소에 사용하는 말의 빠르기는 어느 정도인가요?

네 번째는 **쉬기**입니다. '빠르기'와 '쉬기'를 합쳐서 템포나 리듬이라고도 합니다.

왜 '빠르기'와 '쉬기'를 따로 소개했느냐면, 말이 빠른 사람은 '쉬기'도 저절로 빨라지기 때문입니다. 그런데 말은 빨라도 길게 쉬는 경우는 없을까요? '왜 그런 짓을 하는 거야…… 믿을 수가 없네…… 대체 어떻게 된 거야……' 이렇게 말은 빠른데 길게 쉬어야 하는 말에 어울리는 감정이나 이미지도 있을 겁니다. 반대도 있을 테고요. 말 하나하나는 천천히 하는데 극단적으로 짧게 쉬는 경우도 있습니다. 여러 가지로 시험해 보세요.

마지막이 **음색(음질)**입니다. 여러분의 음색은 얼마나 다양한가요? 정치가 다나카 가쿠에이는 탁한 목소리가 특징이었습니다. 저는 그 목소리가 '서민적'이고 '힘찬' 인상을 주었다고 생각합니다. 만약 그가 NHK 아나운서 같은 목소리였다면 총리가 되지는 못했을 것 같아요. 여러분은 어떤 음색을 지니고 있나요? '콧소리'나 '애니메이션 등장

인물 같은 목소리', '버스 안내원 같은 목소리', '씨름 선수 같은 목소리', '애니메이션에 나오는 소녀 같은 목소리', '응원단 같은 목소리', '도라에몽 같은 목소리' 등등 많습니다.

그런데 아쉽게도 한 가지 음색만 쓰는 경우가 대부분입니다. 너무나도 아깝지요. 몸의 공명 방법이나 어떤 이미지를 떠올리느냐에 따라 여러분은 수십, 수백 가지 음색을 낼 수 있습니다. 성대모사를 잘하라는 게 아닙니다. 누군가와 비슷하지 않아도 상관없습니다. '짱구' 같은 목소리를 내 보려고 생각했지만 똑같이 나지 않았다고요? 오히려 더 좋습니다. 지금껏 낸 적 없는 목소리를 냈다는 말이니까요. 그 목소리에 걸맞은 감정이나 이미지는 없나요? 반대로 그런 목소리를 냄으로써 어떤 감정이나 생각이 끓어오르지는 않나요?

너무 급하게 달려온 듯싶지만, 목소리의 요소는 ①**성량** ②**높낮이** ③**빠르기** ④**쉬기** ⑤**음색**입니다.

이 다섯 가지를 일상생활에서 의식한다면 여러분의 목소리는 한결 풍부해질 것입니다. 말의 표현만 고민해서는 안 됩니다. 평소에 낼 수 있는 목소리가 풍부해지면 말 자체의 표현도 풍부해질 테니까요.

즉 '감정이 풍부한 사람이 되자'고 생각하는 것이 아니라 '풍부한 목소리를 갖자'고 기술적으로 접근해 보세요. 그러면 자연스레 감정도 풍부해질 겁니다. 감정이 단조로운데 목소리가 풍부한 사람은 없습니다.

내 목소리를 다시 한 번 확인해 보세요. 말하는 내용에만 신경 쓰느라 이 기본적인 다섯 가지를 소홀히 하고 있지는 않나요?

똑같은 내용이라도 이 다섯 가지가 풍부해지면 재미있고 멋지고 매력적인 말이 됩니다.

돌아오는 지점은 역시 같습니다. **내 감정과 생각을 오롯이 표현하는 목소리를 가져야 합니다**. 거꾸로 말하면, **풍부한 목소리를 지니면 내 감정이나 생각은 절로 풍부해집니다**.

몸
단련

I

'올바른 몸'이란 무엇인가?

⊙

여러분이 생각하는 '올바른 몸'이란 무엇인가요?

목표가 명확하지 않으면 단련하는 의미가 없습니다.

'몸 단련'이라고 하면 일단 달리기, 스트레칭, 물구나무서기 같은 운동을 해야겠다는 생각이 들죠.

물론 운동은 중요합니다. 그러나 운동하는 목적을 명확히 자각하지 않은 채 막무가내로 한다면 효과도 반감되고 맙니다.

여러분이 생각하는 '올바른 몸'이란 무엇인가요? 멋진 몸? 지치지 않는 몸? 잘 움직이는 몸? 절도 있는 몸? 우아한 몸? 몸매 좋은 몸? 건강한 몸? 자연스러운 몸? 근육이 불끈불끈한 몸? 체력이 뛰어난 몸?

(곧바로 다음 내용을 읽지 말고 적어도 5분은 곰곰이 생각해 보세요. 주변 사람과 의견을 나눠 봐도 좋습니다.

그러면 내 '몸'을 더욱 자각하게 되고 '몸'에 대한 의식이 강해질 겁니다.)

목소리 단련 편을 제대로 읽었다면 아마 이렇게 생각할 것 같군요. '올바른 발성'이 '내 감정과 생각을 오롯이 표현할 수 있는 목소리를 내는 것'이니 '올바른 몸'은 '내 감정과 생각을 오롯이 표현할 수 있는 몸'이 아닐까?

맞습니다. 바로 제가 하고 싶었던 대답입니다.

이 훈련의 최종 목표는 **내 감정과 생각을 오롯이 표현할 수 있는 몸 만들기**입니다.

어떤 감정이나 생각을 표현하려 할 때 방해하는 몸이 아니라 제대로 표현할 수 있는 몸, 감정과 함께 움직일 수 있는 몸, 다양한 감정과 생각에 대응하여 변화할 수 있는 몸. 바로 그런 몸이 되는 것입니다.

바꿔 말하면 **다양한 표현이 가능한 몸**이라 할 수 있습니다. 다양한 표현을 할 수 있는 몸은 매력적인 몸으로 다시 태어나기 위한 첫 단계입니다. 목소리든 몸이든 단조롭고 평이한 표현만으로는 매력을 발산하기 힘든 법이니까요.

이제 '올바른 몸'이 무엇인지 정확히 이해하셨겠지요. 그렇다면 이제 그런 몸을 만드는 방법을 배울 차례입니다.

세 가지 접근법을 살펴보겠습니다.

앞서 언급했던 다양한 몸의 특징을 한번 볼까요. '지치지 않는 몸'과 '체력이 뛰어난 몸'은 **기초 체력**에 관한 표현입니다. 달리기나 팔굽혀펴기를 하는 까닭은 대개 기초 체력을 기르기 위해서입니다. 기초 체력은 '감정과 생각을 오롯이 표현할 수 있는 몸'을 위해서도 필요합니다.

인간으로서 삶을 영위하려면 기초 체력이 있어야 합니다. 그래야 건강한 생활을 유지하고 일상을 살아갈 수 있겠죠. 한편, 내 감정과 생각을 오롯이 표현할 수 있는 몸을 만들고 유지하기 위해서, 내가 내고 싶은 목소리를 내기 위해서는 어느 정도의 기초 체력이 필요한지 고민해야 합니다. 온종일 말하는 일을 하고 있다면 남들보다 기초 체력이 더 많이 필요하겠죠.

나에게 필요한 기초 체력이 어느 정도인지는(즉 기초 체력 훈련을 얼마나 해야 하는지) 각자의 감정과 생각에 따라 다릅니다. '내 감정과 생각을 오롯이 표현할 수 있는 몸'이 '올바른 몸'이고 그것이 훈련의 목표이므로, 각자의 감정과 생각에 맞는 기초 체력이 필요하다 할 수 있겠습니다.

기초 체력은 그리 쉽게 얻어지는 것이 아닙니다. 따라서 자신이 어떤 감정과 생각을 갖고 있으며 그것을 몸으로 어떻게 표현하고 싶은지 고민하는 수밖에 없습니다.

우리의 목표는 운동선수가 아닙니다. 과도한 기초 체력을 추구하는 것만이 목표가 되지 않도록 주의해야 합니다.

체력을 키우는 것만이 신체 훈련이라고 생각하는 사람도 있을 겁니다. 그러다 결국 몸이 상하거나 다치면 당연히 의미가 없습니다.

참고로 제가 대학 시절에 활동했던 와세다대학 연극연구회는 대학 동아리로서는 강도 높은 신체 훈련으로 유명했습니다.(저는 '육체 훈련'이 아니라 '신체 훈련'이라고 부릅니다. '육체'보다는 '신체'가 더욱 종합적인 이미지를 띠기 때문입니다. '육체 훈련'이라고 하면 '근육과 체력'이 중심 이미지로 떠오르지만, '신체 훈련'이라고 하면 '정신과 감정'과 연결된 '몸'이 떠오릅니다.) 3-4킬로미터 달리기, 윗몸일으키기, 복근 운동 등등 날마다 한 시간에서 한 시간 반을 신체 훈련에 썼죠. 여기에 발성 훈련도 30분에서 한 시간쯤 했으니 기초 훈련에만 두 시간을 쓴 셈입니다.

그렇게 훈련한 이유는 목표로 하는 몸의 기초 체력을 키우려면 그 정도의 훈련이 필요하다고 판단했기 때문입니다. '내 감정과 생각을 온몸으로 표현할 수 있는 몸을 만들자. 그것도 쉴 새 없이 움직이면서'라는 목표를 위해 필요한 시간이었습니다.

연기 연습 시간은 하루에 8-10시간이었으니, 기초 체력을 키우는 시간으로서는 아슬아슬하게 균형을 이루는 안배였다고 봅니다.

하지만 이는 시간 여유가 있어야 가능한 일입니다. 또 여유가 있더라도 신체 훈련으로 녹초가 되면 궁극적인 목적에 집중하지 못할 수도 있습니다. 기초 체력도 갖춰야 하지만 '올바른 몸'을 위해서는 나머지 두 가지 접근법이 더 필요합니다.

앞서 말한 몸의 특징을 다시 한 번 살펴봅시다. 혹시 관점이 두 방향으로 나뉘어 있다는 사실을 깨달았나요? '몸매 좋은 몸'과 '근육이 불끈불끈한 몸'은 몸이 겉으로 어떻게 보이느냐를 나타내는 말입니다. '멋진 몸'과 '우아한 몸'도 몸의 움직임을 겉에서 봤을 때의 표현이라 할 수 있고요. 즉 **몸 바깥으로** 향하는 관점이 분명히 나타납니다.

이는 '내 감정과 생각을 오롯이 표현할 수 있는 몸'이 **몸 바깥으로** 어떻게 표출되는지를 나타냅니다. 다른 식으로 표현하자면, 여러분이 어떤 감정과 생각을 지녔다 해도 그것을 몸으로 제대로 표현하지 못하면 의미가 없다는 뜻이기도 합니다. 마음속에 감정이 흘러넘친다 한들 그것이 몸으로 드러나지 않으면 무슨 의미가 있을까요. **몸 바깥에 주목하는 접근법**이란 그 감정과 생각이 겉에서 봤을 때 제대로 표현되는지를 확인하는 접근법입니다.

그리고 또 하나가 **몸 안쪽에 주목하는 접근법**입니다. '건강한 몸', '자연스러운 몸'은 겉으로 어떻게 보이는지가 아니라 '몸 내부가 어떻게 이루어져 있는가'를 나타내는 말이죠.

이는 '내 감정과 생각을 오롯이 표현할 수 있는 몸'인지를 **몸 안쪽으로** 향하는 관점에서 확인한 말로, 몸 안쪽이 감정과 생각을 제대로 표현하는 데 걸맞은지를 묻고 있습니다. 몸 안이 알맞게 기능하고 있지 않다면 아무리 표현을 고민하고 시행착오를 겪더라도 내 감정과 생각을 제대로 표현하지 못하리라는 뜻입니다.

'올바른 몸'을 만들려면 **기초 체력** 그리고 **바깥**과 **안**이라는 두 가지 방향으로 나누어 접근하는 것이 좋습니다.(물론 바깥과 안을 엄밀히 구별할 수 없는 경우도 있습니다. '잘 움직이는 몸', '절도 있는 몸' 등은 몸 안팎이 조화를 이루고 있고, 그 결과 몸이 감정과 생각을 오롯이 표현하고 있는 상태라고도 볼 수 있겠죠. 그러나 일단 '올바른 몸'을 향해 가기 위해 안과 밖을 구별해 보겠습니다.)

II
몸 바깥으로
⦿

이 접근법은 내 몸의 '겉모습'은 어떻게 생겼으며, 어떤 식으로 보이고, 어떻게 움직이는가에 주목합니다.

날씬한 몸매를 유지하려고 다이어트를 하거나 근육을 키우려고 보디빌딩을 열심히 하는 것은 **몸 바깥**을 의식하는 일입니다. 클래식 발레나 재즈댄스, 격투기나 호신술 등을 배우면 **몸 바깥**을 더욱 확실히 의식하게 되지요.

영화 『쉘 위 댄스』 보셨는지요? 주인공 구사카리 다미요 씨의 몸은 **몸 바깥**을 매우 훌륭하게 의식한 몸입니다. 춤추는 장면이 아닌데도 등을 늘 꼿꼿이 펴고 있어서 '내 몸이 어떻게 보이는지'를 줄곧 의식한다는 사실을 알 수 있습니다. 그 몸은 구사카리 씨가 연기한 역할을 오롯이 표현한 몸입니다.

발레나 재즈댄스 등의 움직임을 표현할 때 겉으로 보

이는 모습을 깡그리 무시하고 훈련하는 사람은 없을 겁니다. 당연히 내 몸이 어떻게 보이고, 어떻게 움직이고 있으며, 어떤 자세인지를 의식하면서 훈련하겠죠. 반대로 말하면, 아무리 노력해도 아름답지 않거나 멋있지 않다면 의미가 없다고 생각할 겁니다.

'몸' 하면 이 바깥을 떠올리는 사람이 많죠. 몸의 겉모습을 의식하는 훈련을 지속하다 보면 움직임이 세련되고 우아해지면서 멋있게 보입니다. **머릿속으로 그린 모습과 실제 움직임의 차이가 적어지기 때문입니다.**

좀 더 구체적으로 설명하겠습니다. 우리는 어떤 자세를 취할 때 머릿속에서 그 자세를 그림으로 그려 보게 됩니다. '지금 나는 이런 모습일 거야' 하고요. 옆에 거울이 있다면 그 자세를 취한 채로 거울을 보세요. 거울에 비친 실제 자세와 머릿속에 있던 이미지의 차이가 확인될 겁니다.(가장 간단한 방법은 거울 앞에 서서 눈을 감고 자세를 취하는 겁니다. 머릿속에서 그 자세를 또렷이 그려 본 다음에 눈을 뜨고 실제 자세를 보면 차이가 바로 확인되겠죠.)

몸 바깥으로 향하는 관점을 제대로 갖춘다면 머릿속으로 그린 모습에 가까운 자세를 취할 수 있습니다.

간단한 훈련 몇 가지를 소개합니다.

[그림 II-1] (a) 머릿속에 그린 모습 (b) 실제로 거울에 비친 자세

(A) 평행 자세

거울 앞에 눈을 감고 섭니다. 그대로 양팔을 바닥과 평행하게 좌우로 벌립니다.

머릿속에 그린 모습은 양팔이 바닥과 완전히 평행을 이룬 자세입니다.**[그림 II-1a]**

이제 천천히 눈을 뜨고 양팔의 각도를 확인해 보세요. 아마 어느 한쪽 팔이 기울어져 있을 겁니다.**[그림 II-1b]**

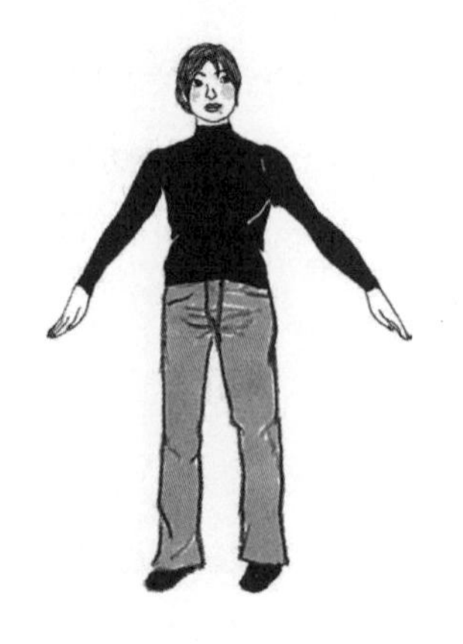

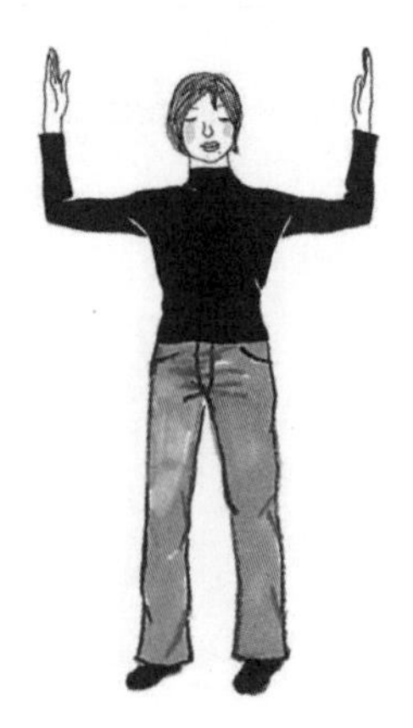

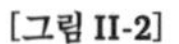

[그림 II-2] (a) 45도 자세 (b) 직각 자세

(B) 45도 자세와 직각 자세

같은 방법으로, 양팔을 45도 각도로 비스듬히 아래로 내리는 자세[**그림 II-2a**]나 양팔을 평행으로 뻗고 팔꿈치에서 직각으로 꺾는 자세[**그림 II-2b**]를 취해 봅니다.

모든 자세는 거울 앞에서 눈을 감고 취합니다. 그리고 머릿속에 확실히 이미지를 그린 다음 눈을 뜨고 확인합니다. 이미지와 실제가 얼마나 다른지 두려워 말고 확인하세요. 실제 자세가 직각이 아니라면 거울을 보면서 팔을 직각으로 만들어 보세요. 이때 **어떤 감각이 느껴지는지**, 바로잡은 자세가 직각으로 느껴지는지 등을 찬찬히 음미하세요. 오른손잡이라면 왼팔 각도가 틀리는 경우가 많습니다.

큰 거울이 없다면 거리의 쇼윈도에 자신의 모습을 비춰 보거나, 밤에 창문에 반사되는 모습을 보면서 훈련할 수도 있겠죠. 사람들 눈이 신경 쓰인다면 그저 눈을 감고 똑바로 선 자세를 취했다가 확인하는 방법도 괜찮습니다.

(C) 똑바로 선 자세

똑바로 섰을 때 목이 어느 쪽으로도 기울어지지 않고 꼿꼿한가요?

(대부분 한쪽으로 살짝 기울어져 있습니다.)

양쪽 어깨 높이가 같은가요?

(오른쪽 어깨로만 가방을 메는 사람은 무의식적으로 오른쪽 어깨가 내려가 있기도 합니다.)

골반은 지면과 평행한가요?

(앉을 때마다 같은 다리를 꼬면 골반이 틀어져서 평행하지 않은 경우가 있습니다.)

거리를 걷다가 쇼윈도 등을 발견할 때마다 똑바로 서

서 자신의 몸을 확인해 보세요.

이런 훈련을 거듭하다 보면 **몸 바깥으로** 향하는 의식이 강해집니다.

머릿속에 그리는 몸과 실제 몸의 차이가 적은 사람은 춤을 추더라도 더욱 멋져 보입니다.(**평행 자세** 훈련과 마찬가지로, 어려운 춤보다는 간단한 스텝이나 자세가 몸 상태를 파악하기 더 쉽습니다.) 연기할 때도 움직임을 머릿속 이미지에 가깝게 만들 수 있으므로 보다 세련되고 우아해 보이지요. 테니스 선수를 예로 들면, 머릿속에 그린 대로 라켓을 휘두를 수 있으므로 공을 정확하게 칠 수 있습니다.

반대로 머릿속에 떠올린 이미지와 실제 몸의 차이가 큰 사람은 '멋이 없다'는 말을 듣기도 하죠. 춤을 추는데 팔과 다리의 위치가 머릿속으로 그린 곳보다 꽤 벗어나 있거나, 연기를 하다 무언가를 가리켰는데 방향이 미묘하게 다르거나, 팔을 위로 쭉 편다고 폈는데 기울 수도 있습니다.

그러므로 **몸 바깥으로** 향하는 관점에서 본 **올바른 몸**이란 **머릿속에 그린 이미지대로 움직일 수 있는 몸**이라고 할 수 있습니다.

이런 몸이 되려면 발레나 재즈댄스 등에서 쓰이는 '규

칙'을 적용하는 것이 효과적입니다. 실제 몸과 머릿속으로 그린 몸의 차이를 자각하기 위해서는 움직임의 규칙을 한 번 몸에 적용해 보고, 그때마다 거울을 보거나 지도자의 조언을 들으면서 바로잡아 가는 것이 지름길입니다. 이 규칙을 익히면 **몸 바깥으로** 향하는 의식을 높일 수 있습니다.

안무를 배울 때마다 거울을 보며 확인해 보세요. 머릿속에 그린 이미지와 실제 몸의 차이가 차츰 줄어들 겁니다. 거듭하다 보면 '머릿속 이미지대로 움직일 수 있는 몸'을 갖게 되죠. 뒤집어 말하면 그저 아무 생각 없이 춤 연습만 하는 건 소용 없다는 뜻입니다.

스포츠에서도 어느 수준을 넘어가면 차이가 적어집니다. 방망이를 정확히 휘두르거나 서브를 받아 내기 위해서 이미지와 실제 움직임의 차이를 줄이는 연습을 꾸준히 해 왔기 때문입니다.

(물론 신체 능력에서 오는 한계는 있습니다. 3회전을 돌고 싶다든가, 150센티미터 점프를 하고 싶다고 아무리 생각해도 정작 몸이 못 따라오는 경우도 있죠. 하지만 **몸 바깥으로** 향하는 의식을 강화하면 '안 되는 이유가 무엇인지' 이해할 수 있습니다. 이 의식이 약한 사람은 그저 '안 되네' 하고 막연히 생각만 할 뿐이고요.)

한편 '몸매 좋은 몸'과 '근육이 불끈불끈한 몸'도 '자신이 떠올린 이미지대로 움직일 수 있는 몸'으로 볼 수는 있지만, 중요도는 떨어집니다. '몸매 좋은 몸'은 화보나 사진집에는 최적이지만 그것만으로는 '올바른 몸'이 될 수 없습니다. 실제로 몸매는 좋은데 동작은 전혀 아름답지 않은 사람이 안타깝지만 있지요. **몸 바깥으로 향하는 의식만으로는 충분치 않다는 말입니다.** 몸매는 훌륭한데 춤을 잘 못 추는 사람보다는 몸매가 좋지 않더라도 춤을 잘 추는 사람의 몸이 몇 배는 더 멋져 보입니다. 보디빌딩으로 몸 만들기에 열중하는 사람도 마찬가지입니다. 어떤 외모가 되었든 관건은 **생각한 대로 움직일 수 있는 몸**, 그러니까 감정과 생각을 오롯이 표현할 수 있는 몸입니다.

앞서 소개한 **평행 자세, 직각 자세** 등도 이미지와 실제 움직임의 오차를 줄이는 훈련입니다. 하지만 이 책에서는 이 이상 자세히 쓰지는 않겠습니다. 왜냐하면 '발성'과 직접적인 관계가 있는 것은 '올바른 몸'의 또 한 방향인 **몸 안쪽**을 향하는 접근이기 때문입니다.

III
몸 안쪽으로

⊙

몸 바깥을 향하는 접근은 말하자면 몸을 점점 더 의식해 나가는 방법입니다. 그런데 **몸 안쪽**을 향하는 접근은 몸을 점점 **잊어버리는** 방법입니다.

몸을 잊어버리면 어떻게 될까요? 긴장하지 않은 **편안한 몸**이 됩니다. **몸 안쪽으로** 향하는 관점에서 보면 '올바른 몸'이란 바로 힘을 뺀 '편안한 몸'입니다.

'편안한 몸'이라고 하면 왠지 힘이 완전히 빠져나간 축 처진 몸이 떠오르죠. 사우나라도 가서 맥주 한잔 걸치고 곤드레만드레 취해서 누워 있는 상태일까요? 학생이라면 여름방학에 수영장에서 헤엄치고 나서 수박을 먹고 매미 소리를 들으면서 낮잠을 자려고 누운 순간일까요?

이는 '편안한 몸'이 아니라 '힘이 지나치게 빠진 몸'입니다.

편안한 몸이란, **몸 어디에도 불필요한 힘이 들어가 있지 않으면서도 몸을 버티기 위해 필요한 만큼만 힘이 들어가 있어서 언제든 움직일 수 있는 몸**입니다.

축구 골키퍼를 떠올려 볼까요. 실력 없는 골키퍼는 공이 아직 상대 진영에 있는데도 긴장해서 몸이 굳어 있습니다. 불필요한 힘이 들어간 거죠. 공이 갑자기 이쪽으로 굴러온다면 긴장한 몸으로는 재빨리 움직일 수가 없습니다. 보통 수준의 골키퍼는 센터라인을 넘어 공이 가까워지면 몸에 힘이 들어갑니다. 이런 경우도 몸에 쓸데없는 힘이 들어가므로 근육이 경직되어 재빨리 움직일 수 없습니다. 뛰어난 골키퍼는 공이 가까이 와도 몸에 불필요한 힘이 전혀 들어가지 않습니다. 그렇다고 힘이 다 빠져 있는 상태도 아닙니다. 준비 태세를 갖추기 위해 필요한 만큼만 맞춤하게 힘이 들어가 있습니다. 그러므로 상대방이 공을 찬 순간 가볍게 몸을 움직일 수 있지요.

'사우나에서 늘어진' 몸은 골키퍼로 말하자면 긴장하지 않으려고 골문 앞에서 흐늘흐늘해진 몸입니다. 이런 몸으로는 중요한 순간에 재빨리 움직일 수 없습니다.

불필요한 힘은 빼야 하지만, 꼭 필요한 힘, 그 동작을 버틸 만큼의 알맞은 힘은 있어야 합니다.

불필요한 힘을 오래 주고 있으면 근육이 굳어져서 이른바 '뭉친' 상태가 됩니다. 이때는 내 몸을 너무나도 확실히 의식하게 됩니다. 무릎 근육이 땅기고 어깨에 힘이 들어가고 등이 굳습니다. '몸을 잊은' 상태는 그 반대입니다. 뛰어난 골키퍼는 오로지 공에 집중하기에 몸을 잊습니다.

한편, 축구 경기는 끝이 분명합니다. 지나치게 힘이 들어가 있던 골키퍼도 시합이 끝나면 긴장을 풀 수 있습니다. 하지만 우리 삶에는 끝이 없습니다. 날마다 무의식적으로 긴장해 있는 몸은 그 긴장을 풀 기회가 없죠. 이것이 가장 큰 문제입니다.

내키지 않는 일을 할 때나 싫어하는 사람을 만날 때 우리 몸에는 무의식적으로 힘이 들어갑니다. 싫어하는 사람과 만난 다음 몸이 뻣뻣하게 굳어지는 경험을 한 적이 없나요? 하고 싶지 않은 공부를 할 때 몸이 잔뜩 굳는 경험은요? 좋아하는 사람과 만나거나 좋아하는 책, TV, 영화를 볼 때 몸이 풀리는 경험은요? 그 차이를 느껴 본 적이 있나요?

긴장하는 것이 나쁘다는 얘기는 아닙니다. 이는 인간이라는 동물의 본능이라 할 수 있습니다. 가령 길을 걷는데 갑자기 차가 달려온다면 우리는 목을 움츠리고 등과 가슴에 힘을 꽉 줄 겁니다. 위험을 감지하고 몸이 준비 태세를 갖추는 거죠. 그러므로 일상에서 안 좋은 일이 일어나거나 하기 싫은 일을 해야 할 때, 싫어하는 사람과 만날 때 무의식적으로 힘이 들어가는 것은 당연합니다.

문제는 **그 긴장감이 몸에 정착되어 버리는 것**입니다. 인생에는 힘든 일이나 괴로운 일이 많으므로(왠지 인생 상담 같군요) 뻣뻣하게 굳은 몸이 평소 몸이 되어 버리기 십상입니다. 아니, 오히려 이 스트레스 많은 사회를 살아가면서 몸이 조금도 굳지 않았다면 더 이상하죠. 단언컨대 누구나 정도가 다를 뿐 몸이 굳어 있을 겁니다. 그러다가도 모든 일을 내팽개치고 따뜻한 남쪽 나라에 가서 일주일 넘게 쉬다 보면 긴장이 풀리는 것을 실감할 수 있죠. 하지만 호텔에 돌아왔는데 갑자기 업무와 관련된 성가신 전화가 걸려 온다면 순식간에 다시 굳은 몸으로 돌아갈 겁니다.

내키지 않는 일 때문에 불필요한 힘이 들어간 긴장 상태가 오래 이어지면 그 자세나 긴장이 **버릇**이 되어 정착합니다. 한번 정착한 버릇은 헛된 안정을 줄 뿐입니다.

IV
버릇에 관하여

⊙

주변에서 이런 자세를 보셨는지요? 언제나 부자연스럽게 어깨가 올라가 있거나, 새우등이거나, 목이 늘 앞으로 나와 있는 자세. 이런 경우에는 자세를 '바로'잡았을 때 일시적으로 '불쾌감'을 느낄 수도 있습니다.

하지만 이런 부자연스러운 자세로 살다 보면 반드시 몸 어딘가에서 비명이 터져 나올 겁니다.

워크숍에서 때때로 골반이 뒤로 꺾인 '골반 전방경사' 상태의 여성 참가자를 만납니다. 가슴 부근이 과도하게 튀어나오고 엉덩이가 뒤로 올라간 자세입니다.**[그림 IV-1]** 길을 걷다가도 종종 보죠. 워크숍에서 그런 분에게 "허리 안 아프세요?"라고 물으면 반드시 "웬걸요. 너무 아파요"라는 답이 돌아옵니다. 골반 전방경사 자세가 되면 허리가 늘 긴장합니다. 허리가 비명을 지르지 않는 것이 오히려 이상한

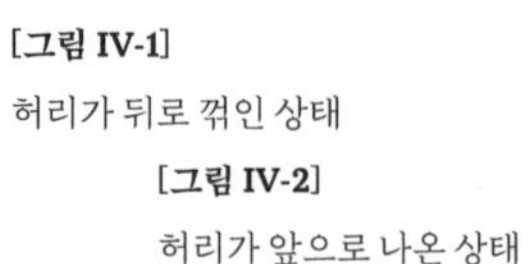

[그림 IV-1]
허리가 뒤로 꺾인 상태

[그림 IV-2]
허리가 앞으로 나온 상태

상황이죠.

남성의 경우는 **[그림 IV-2]** 같은 골반이 늘고 있습니다. 골반 아랫부분은 튀어나오고 윗부분은 뒤로 꺾여 올라간 상태죠. **[그림 IV-1]** 여성의 골반 방향과는 정반대입니다. 이 또한 허리 부근이 심하게 긴장할 수밖에 없는 자세입니다.

몸 안쪽을 향하는 신체 훈련은 **근육 긴장을 자각하고 스스로 편안하다고 느끼는 '자연스러운' 자세를 발견하는 훈련**

입니다.

여기서 다시 영화 『쉘 위 댄스』의 구사카리 다미요 씨 이야기를 하겠습니다. **몸 안쪽으로** 향하는 관점에서 보자면 구사카리 씨의 등은 사실 불필요한 힘이 너무 많이 들어간 몸입니다. 등 근육을 긴장시켜 근육의 힘으로 등을 (척추가 본래 가지고 있는 자연스러운 S자 모양 이상으로) 똑바로 뻗은 것처럼 느껴져서 등 근육이 지르는 비명이 들리는 듯합니다.

그것이 몸 바깥으로 향하는 관점에서는 '자신의 감정과 생각을 오롯이 표현할 수 있는 몸'이라 하더라도, 그 긴장을 지속한다면 언젠가는 몸이 망가지고 맙니다. 훗날 '자신의 감정과 생각을 오롯이 표현할 수 있는 몸'이 아니게 될 위험성이 크다는 말입니다. 그리고 또 하나, 긴장된 몸은 미묘한 감정이나 생각을 미묘한 표현으로 연결할 수 없습니다. 경직된 골키퍼는 미묘한 동작을 취할 수 없는 법입니다. 목소리에 미묘한 변화를 줄 수도 없습니다. 뻣뻣하게 긴장된 몸은 미묘한 표현과는 동떨어진 몸입니다.

단, 구사카리 씨의 잔뜩 긴장한 등은 그 영화 속에서만 그런 모습일지도 모릅니다. 댄서라는 설정 때문에 일부러 그런 자세를 취했을 가능성이 있죠. 혹은 평소 자세가 그렇다 할지라도 자신의 긴장 상태를 자각하고 있을 수도 있고요. 그렇다면 '버릇'이 아닙니다. 자각하면 언제든 없앨 수 있습니다. 나중에 허리를 망가뜨릴 위험은 없죠. **'버릇'은 자각하지 못하기에 '버릇'이며, 그래서 위험합니다.**

훈련을 지속하다 보면 내가 가진 버릇을 깨닫게 될 겁니다. 아니, 부디 그러기를 바랍니다. 이때 버릇을 없애려고 하면 일시적으로 불쾌감이랄까, 불안정한 감각을 느낄 수도 있습니다. 골반 각도가 **[그림 IV-2]** 같다는 사실을 깨닫고 날마다 의식해서 골반을 자연스러운 각도로 고치려 할 때 그런 감각이 느껴질 수 있죠. 하지만 안심해도 됩니다. 일시적인 감각일 테니까요. 쓸데없는 힘이 들어가 있지 않은 몸이 되면 몸은 그 시원한 느낌을 이해할 겁니다.

네? 그런 '버릇' 따위는 없다고요?

그렇다면 손가락을 깍지 끼고 가슴 앞에 대 보세요. 기도할 때 같은 손 모양입니다.

어느 쪽 엄지가 바깥으로 나와 있나요? 오른손 엄지? 왼손 엄지? 여러분은 그 엄지를 나오게 하려고 '의식'해서 깍지 꼈나요? 만약 오른쪽 엄지라면 그걸 '의식'했나요? 아마도 무심코 그렇게 됐을 겁니다.

이것이 바로 **버릇**입니다.

이번에는 반대쪽 엄지가 나오도록 깍지 껴 보세요. 어떠세요? 불쾌감이 느껴지지 않나요? 불쾌할 정도는 아니라도 어색한 느낌이 들지 않나요? 바로 그것이 버릇을 없애려 할 때의 '불쾌감'입니다.

(하지만 그 불쾌감을 즐기기 바랍니다. 지금껏 경험한 적 없는 그 감각을 즐김으로써 **몸 안쪽으로** 향하는 의식을 높일 수 있습니다.)

다시 한 번 확인하겠습니다.

'편안한 몸'이란 **몸 어디에도 불필요한 힘이 들어가 있지 않으면서도 몸을 버티기 위해 필요한 만큼만 힘이 들어가 있어서 언제든 움직일 수 있는 몸**입니다.

올바른 발성을 내려면 이런 몸이 필요합니다. 목소리 단련 편에서 설명했듯이, 우리는 성대에서 만들어진 소리를 몸 여러 곳에서 공명시킬 수 있습니다. 이때 악기의 본체에 해당하는 부분(몸)이 굳어 있다면 목이 쉬거나 울림이 없어져서 내고자 하는 목소리가 나오지 않는 법입니다. 즉 **'발성'과 '몸'은 떼려야 뗄 수 없는 관계입니다.**

'올바른 자세'가 선행되지 않는다면 아무리 발성 훈련을 지속해도 의미가 없습니다. 실제 워크숍에서도 발성이 잘 안 된다고 털어놓는 훈련자의 몸을 보면 가슴에 힘이 잔뜩 들어가 있거나 무릎이 과도하게 뻗어 있거나 목 근육이 딱딱하게 굳어 있습니다.

안타깝지만 그런 몸으로는 발성 훈련을 아무리 열심히 해도 효과가 없습니다.

V

몸의 교양에 관하여

⊙

올바른 몸에 대한 세 가지 접근법을 정리해 보겠습니다.

기초 체력, 몸 바깥으로, 몸 안쪽으로.

저는 몸 바깥과 몸 안쪽으로 향하는 의식을 합쳐서 **신체 감각**이라고 부릅니다. "저 사람은 신체 감각이 있어"라고 하면 몸 안팎을 향하는 의식이 모두 높다는 얘기죠.

그리고 적절한 기초 체력과 신체 감각을 합쳐 **몸의 교양**이라고 부릅니다. '교양'은 지성뿐 아니라 몸에도 깃든다고 생각합니다.('목소리'와 '감정', '말'에도 '교양'이라는 사고방식을 적용하는 거죠.)

'몸의 교양이 있는 사람'이란 기초 체력과 신체 감각을 제대로 갖춘 사람입니다.

이해하기 쉽도록 표를 그려 보겠습니다.

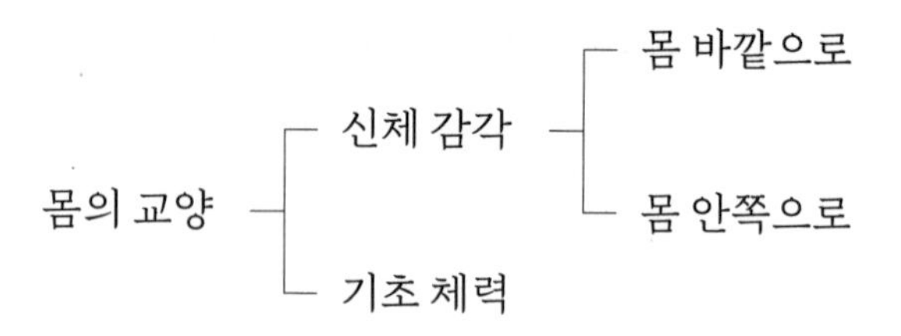

사실 이 책은 가방 한구석에 넣고 다니면서 편하게 읽기를 바라는 마음에서 쓰기 시작했습니다.

그런데 신체 한 군데 한 군데를 자세히 쓰다 보면 두께가 엄청나지겠죠. 그러므로 발성에 관련한 신체 훈련, 즉 '편안한 몸'이 되기 위해 **몸 안쪽**을 의식하는 훈련만 집중해서 소개했습니다.(기초 체력을 길러서 몸 바깥으로 향하는 의식을 높여도 올바른 발성과는 직접 관계가 없습니다. 대표적인 예가 에어로빅 강사입니다. 안타깝게도 대부분 목소리가 쉬어 있지요.)

이 책을 쓴 목적은 '올바른 발성' 그리고 '올바른 몸' 중 하나인 힘을 뺀 **편안한 몸**을 만드는 것입니다.

'올바른 발성'과 '편안한 몸'은 떼려야 뗄 수 없는 관계입니다. 이런 의미에서도 여러분의 '목소리'와 '몸'은 연결되어 있습니다. 발성 훈련이 곧 신체 훈련이며 신체 훈련은 곧 발성 훈련이죠. 이는 따로 훈련하는 것이 아닙니다. 아니, 따로 훈련하는 것 자체가 불가능합니다.

'올바른 발성'과 '편안한 몸'은 목소리를 쓰는 일, 사람들 앞에 나서는 일을 한다면 반드시 갖추어야 할 기본 조건입니다.

서두가 길었네요. 하지만 훈련을 시작하기 전에 꼭 알아 두었으면 하는 부분입니다.

오래 기다리셨습니다. 지금부터 구체적인 훈련에 들어갑니다.

'긴장'하면서 놀아 보는 것으로 신체 훈련을 시작해 보죠. 쓸데없는 긴장을 빼기 위해 오히려 긴장하는 것입니다.

바닥에 똑바로 눕습니다. 그리고 힘을 뺍니다.

우선 양쪽 손가락만 긴장시켜 보세요. 몇 초간 힘을 잔뜩 주어 벌렸다가 순간적으로 힘을 뺍니다. 다음은 손가락과 손목까지 힘을 꽉 주었다가 몇 초 뒤에 힘을 뺍니다. 그다음에는 팔꿈치까지입니다. 손가락과 손목과 팔꿈치에 힘을 주었다가 뺍니다. 다음에는 어깨까지입니다. 다음에는 목까지, 그다음에는 가슴까지 몇 초간 힘을 주었다가 뺍니다. 한 군데씩 늘려 가면서 한 군데도 빠뜨리지 마세요. 이런 식으로 상반신 전체에 힘이 들어가게 합니다.

다음에는 엉덩이까지 힘을 주었다가 뺍니다. 다음은 허벅지까지, 그다음에는 종아리까지. 마지막이 발가락 끝

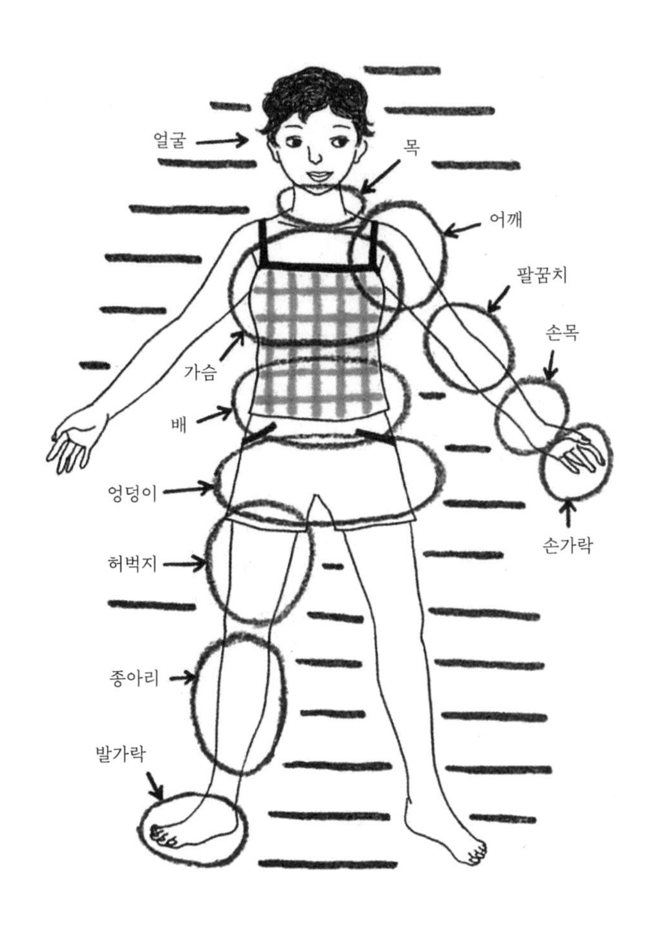

[그림 1-1] 머릿속에 신체 각 부위를 순서대로 떠올리며 힘을 주었다가 뺀다.

입니다. 이렇게 차례로 해 나가면 몸 전체에 힘이 들어갑니다.[**그림 1-1**]

몇 초간 꾹 힘을 주고, 순간적으로 힘을 빼면 됩니다. 완벽하게 힘을 빼려고 너무 예민해질 필요는 없습니다. 힘을 빼는 **느낌**을 즐기면 됩니다.

단축 버전도 있습니다. 똑바로 누워 온몸에 힘을 팍 주었다가 빼면 됩니다. 부위별로 하나하나 훈련할 시간이 없을 때나 **긴장 훈련**을 여러 번 하고 난 다음에 하면 좋습니다.

온몸에 힘을 넣었다 뺀 다음에는 똑바로 누운 채로 각 부위에서 힘이 빠진 상태를 느껴 보세요. 힘을 넣기도 전에 힘이 들어가는 부위는 없나요? 의식하면 힘이 들어가는 곳은 어디인가요?

시간이 있다면 **하품 스트레칭**으로 넘어갑니다. 몸을 좀 더 풀어 주는 훈련입니다.

힘을 빼고 누운 채로 하품을 하면서 양팔, 양다리, 목, 가슴, 어깨, 배 등 온몸을 흐물흐물 움직여 풀어 줍니다.

이불 속에서 푹 자고 일어나 몸을 풀면서 흐느적거리는 감각입니다. 하품을 크게 하면서 몸을 쫙 풀어 주세요.

어때요? 시원하죠?

▲ 주의사항

Ⓐ 어깨와 가슴의 차이를 잘 모르겠어요.

너무 어렵게 생각할 필요 없습니다. 어디까지나 상상입니다. 실제로 어깨까지 힘을 주려고 하면 가슴에도 조금 힘이 들어갑니다. 칼로 무 자르듯 나누기란 불가능합니다. 손가락과 손목도 마찬가지입니다.

중요한 것은 힘을 주는 부위를 엄격하게 구별하는 것이 아니라 손가락부터 발가락까지 최소한 열두 곳을 의식하는 것입니다. 다시 말하지만 열두 곳을 딱 나누려 애쓰지는 마세요. 의식만 하면 됩니다. 어깨와 가슴을 의식함으로써 '아, 어깨보다 가슴에 힘이 더 들어간 것 같아'라고 느껴지면 그걸로 충분합니다.

Ⓑ 힘이 잘 빠지지 않는 것 같아요.

조급해하지 마세요. 갑자기 힘을 뺐을 때 시원함이 느껴지는지가 중요합니다. 시간을 들여 정성스럽게 훈련하다 보면 마지막에 온몸을 긴장시켰다가 갑자기 풀었을 때 몸이 두둥실 편해지는 감각을 맛보는 사람이 많습니다. 힘 빼기의 좋은 기분을 체험하는 거죠.

이 훈련의 목적은 굳이 말하자면 충격요법이랄까, 반대요법입니다. 평소에 무의식적으로 힘이 들어가 있다면 바짝 힘을 줘서 그 힘을 의식해 보자는 겁니다. 그리고 의식해서 들어가 있는 힘을 뺄 때, 평소에 무의식적으로 주던 힘도 빼 버리는 거죠. 의식하지 않던 힘을 빼는 것은 좀처럼 쉬운 일이 아니니까요.

Ⓒ 매번 해야 하는 훈련인가요?

이 훈련은 몸 훈련의 시작에는 어울리지만, 매번 할 필요는 없습니다. 시간을 효율적으로 써야죠. 날마다 할 필요는 없고, 오랜만에 생각날 때 한 번씩 해 보면 됩니다. 이때 몸이 풀린 느낌을 다시 맛볼 수 있다면 잘 해낸 겁니다.

서양에는 알렉산더 테크닉이라는 훈련법이 있습니다. 몸을 풀고 안정시켜서 자연스럽고 이상적인 몸을 만드는 뛰어난 훈련 방법입니다. 그 가운데 **세미스파인**이라는 자세는 몸 훈련을 시작할 때 이해해 두면 좋은 자세입니다.

먼저 바닥에 똑바로 누워 보세요. 이때 배꼽 뒤쪽에 해당하는 등 밑에 손을 넣어 보세요. 공간이 있을 겁니다.[**그림 2-1**]

사람의 등은 완만한 S자 형태이므로 그 부분이 바닥에 닿지 않는 것은 자연스러운 현상입니다. 등에 심하게 힘이 들어가면 그 공간이 커집니다. 스트레스가 많고 피로가 쌓이면 어른 아이 할 것 없이 근육이 긴장해 뒤로 심하게 꺾여 있는 경우가 많습니다.

여러분 몸은 어떤가요? 심하게 긴장했을 때와 휴양지,

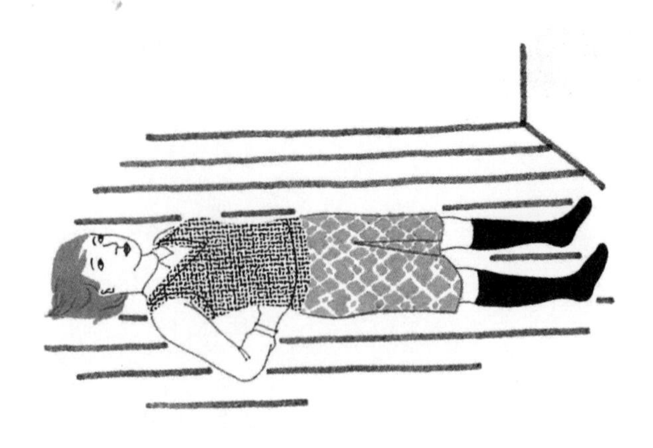

[그림 2-1] 배꼽 뒤쪽에 해당하는 등과 바닥 사이의 공간을 느낀다.

사우나, 온천 등에서 힘을 빼고 나른하게 있을 때 바닥과 등 사이에 생긴 공간이 얼마나 차이가 나는지 느껴 보세요. 그리고 훈련할 때마다 그 공간의 크기를 확인해 봅니다. 어떤 상황에서 공간의 크기가 커지거나 작아지나요?

이제 세미스파인 자세로 넘어가겠습니다.

우선 적절한 머리 높이를 찾아야 합니다. 2인 1조로 훈련하며 파트너가 옆에서 봐 주어야 알 수 있습니다.

바닥과 얼굴이 평행을 이루도록 베개 높이를 조정합니다. **[그림 2-2a]**는 베개가 필요한 사람입니다. 이 경우에는 누워 있어도 목 근육이 긴장되어 있으므로 **[그림 2-2b]**

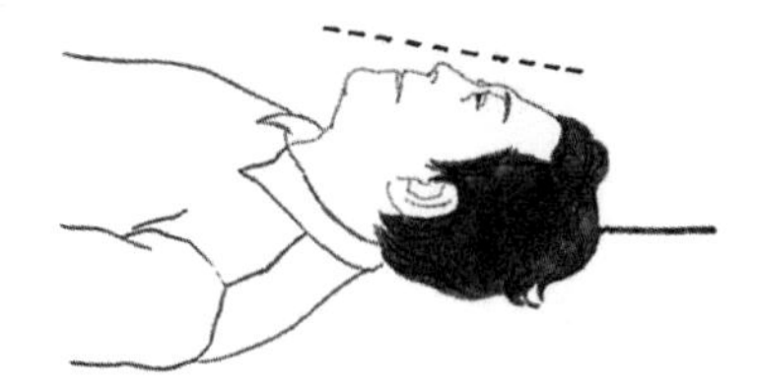

[그림 2-2]

(a) 턱이 올라가서 평행하지 않다.

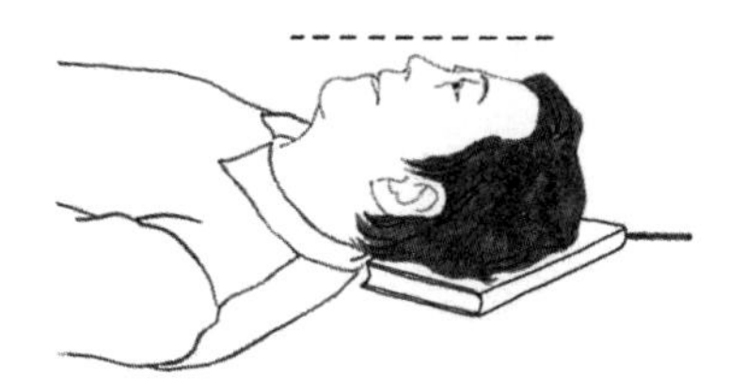

(b) 책으로 머리를 받치면
얼굴과 바닥이 평행을 이룬다.

[그림 2-3]

(a) 베개가 없어도 얼굴과
바닥이 평행을 이룬다.

(b) 베개를 베면 평행하지 않다.

처럼 머리 밑에 책이나 수건 등을 깔고 얼굴선과 바닥이 평행하도록 만듭니다.

[그림 2-3a]와 같은 사람은 베개가 필요 없습니다. 이런 사람은 사실 평소에 누울 때도 베개가 필요 없습니다. 베개를 무리해서 베면 **[그림 2-3b]** 같은 형태가 되는데, 역시 목 근육을 긴장시키는 자세입니다.

그러므로 우선 머리를 적절한 높이로 만들어 목의 긴장을 없앱니다.

그대로 두 다리를 세우면 **[그림 2-4]** 같은 자세가 됩니다. 이 자세가 **세미스파인** 자세입니다.

양 무릎을 너무 많이 벌리면 힘이 들어가므로 어깨너비로 편안하게 벌려 주세요.

손은 갈비뼈 아래쪽에 올리는데 양손을 깍지 끼지 않습니다. 가슴이 가장 벌어졌다고 느껴지는 곳이 아마 갈비뼈 아랫부분일 겁니다. 팔꿈치는 바닥에 놓고 힘을 뺍니다.

그대로 숨을 들이마시고 내뱉을 때마다 머릿속으로 등이 펴지고 넓어지는 이미지를 그려 봅니다. 등이 길게 뻗으면서 옆으로도 넓어지는 이미지입니다.

숨을 뱉을 때마다 화살표 방향대로 무릎은 천장 쪽으로, 머리는 벽 쪽으로 뻗어 나가는 모습을 상상합니다. 실

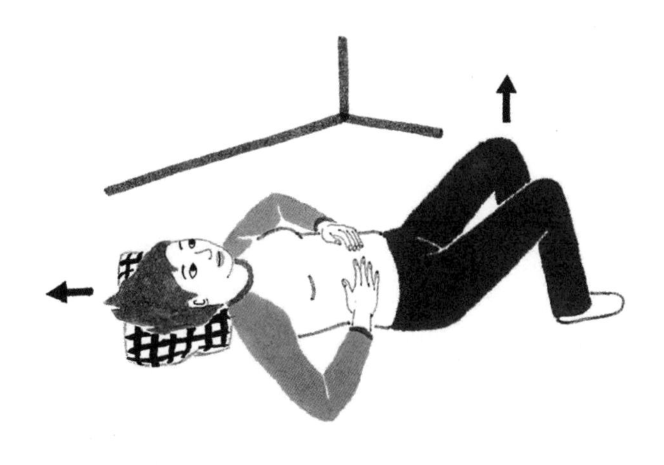

[**그림 2-4**] 세미스파인 자세

제로 그렇게 움직이는 것은 아닙니다.

그러면 배꼽 뒤쪽 등이 바닥에 닿는 것이 느껴집니다. 공간이 조금 떠 있더라도, 숨을 뱉을 때마다 등이 뻗으면서 벌어지는 이미지를 떠올리다 보면 결국 바닥에 닿을 겁니다.

이 상태가 바로 누워 있되 어느 곳도 긴장하지 않은 세미스파인 자세입니다. 15~20분쯤 이 자세를 유지하면서 심호흡(배의 아래에 넣는 호흡)을 하면 몸은 완전히 편안해집니다.

때때로 잠이 드는 사람도 있습니다. 시간이 있다면 저는 깨우지 않습니다. 일상의 피로를 풀어 주는 깊은 잠이기 때문입니다.

세미스파인 자세로 **발성 훈련**을 시도해 보세요. 지금까지는 다리를 뻗고 누운 채로 **S음 훈련**, **Z음 훈련**, **장음 훈련** 등을 해 왔을 겁니다. 처음에는 이렇게 누운 자세가 숨을 배 아래쪽에 넣는 이미지를 잡기 쉽습니다.

세미스파인 자세를 훈련해서 등의 긴장을 빼는 감각을 맛볼 수 있게 됐다면, 이 자세로 발성 훈련을 해 보세요.

▲ 주의사항

Ⓐ 20분이나 이 자세를 취할 시간이 없어요.

20분 동안 세미스파인 자세로 긴장을 풀다 보면 정말 깊은 휴식 상태로 들어갑니다. 멍한 상태가 되어 20분 이상을 쓰게 됩니다.

그러므로 시간이 여유로워서 몸을 충분히 풀려고 할 때가 아니라면, 발성 훈련(S음, Z음 훈련 등)을 하면서 세미스파인 자세를 취해 보세요. 몸이 너무 풀어지지 않으려면 5~10분이 적당합니다.

사실 이 훈련은 집에서 하는 게 좋습니다.

훈련할 때는 좀 딱딱한 바닥이 좋습니다. 푹신한 침대에서 하면 침대가 움직이면서 몸의 다른 부분에 불필요한 힘이 들어가게 됩니다. 바닥에 담요 등을 깔거나 얇은 카펫이나 매트 위에서 훈련하세요.

저는 일이 고되었던 날이면 집에 돌아와 자기 전에 이 자세를 취합니다. 처음에는 등이 잔뜩 긴장해 있어서 배꼽 뒤쪽 등이 바닥에 딱 닿지는 않습니다. 한동안 천천히 호흡하면서 등이 펴진다고 상상하다 보면 몸이 풀려서 등이 바닥에 닿습니다. 이렇게 하루 동안 쌓인 긴장을 풀곤 합니다.

세미스파인은 몸 훈련이라기보다는 몸의 '교양'을 위해 알아 두면 좋은 자세입니다.

먼저 세미스파인 자세의 해방감을 천천히 맛보기 바랍니다. 그 감각을 어느 정도 익힌 다음에는 발성 훈련과 병행하면 좋습니다.

Ⓑ 달리 조심할 것은 없나요?

이 훈련을 다 끝내고 일어날 때가 중요합니다. 몸과 등의 긴장을 겨우 풀었는데 복근 운동하듯 일어나면 목과 등에 다시 힘이 들어가 버립니다. 힘을 뺀 채로 천천히 일어나는 방법을 알려 드리죠.

누운 채로 몸을 옆으로 돌린 다음**[그림 2-5a]** 다리를 구부려 무릎을 가슴께로 끌어올립니다. 태아 같은 자세가 될 겁니다.**[그림 2-5b]** 그대로 상반신의 체중을 이동시켜 최소한의 힘으로 무릎을 꿇어 몸을 숙입니다.**[그림 2-5c]** 손을 바닥에 대고 상반신을 무릎 위에 걸치는 자세도 괜찮습니다.(익숙해지면 손도 필요 없어집니다.) 무릎 위에 상반신을 걸친 자세에서 다시 무릎 꿇는 자세를 취하며 서서히 상반신을 일으킵니다.**[그림 2-5d]** 상체를 완전히 세웁니다.**[그림 2-5e]**

'영차!' 하면서 억지로 복근에 힘을 주어 일어나서는 안 됩니다. 그러면 순식간에 목에 평소 긴장이 돌아옵니다. 워크숍을 할 때면 꼭 그런 잘못을 하는 활기찬 사람이 있습니다. 그런 모습을 볼 때마다 얼마나 안타까운지요. '아, 아까워라. 겨우 힘이 빠졌는데!'

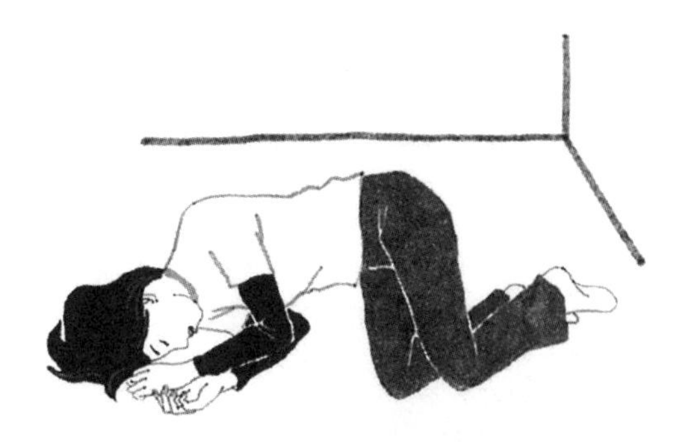

[그림 2-5]

(a) 누운 채로 몸을 옆으로 돌린다.

(b) 무릎을 가슴께까지 끌어올린다.

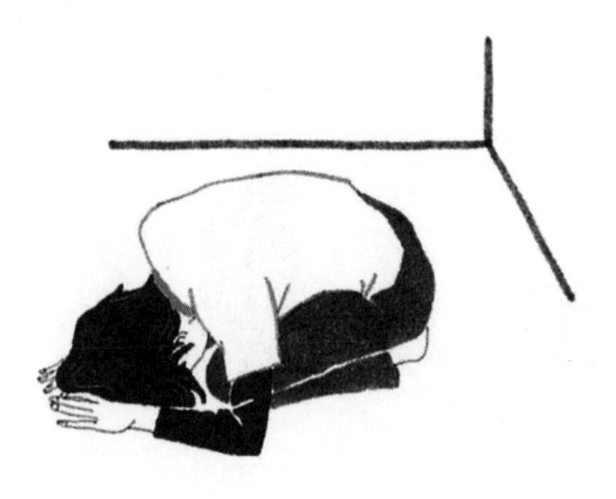

(c) 편하게 무릎을 꿇어 몸을 숙인다.

(d) 서서히 상체를 올린다.

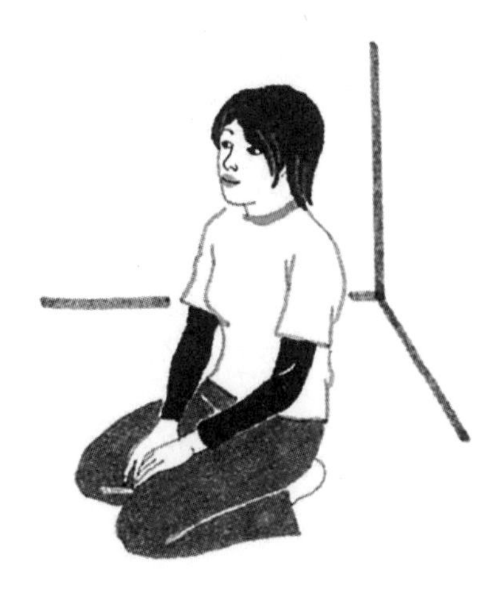

(e) 상체를 완전히 일으켜 세운다.

VI
풀기와 버티기

⊙

힘을 뺀 **편안한 몸**이 되려면 두 가지가 필요합니다.

첫째, **몸을 풀어 쓸데없는 힘을 빼야 합니다**. 둘째, **근육이 아닌 뼈가 몸을 버티고 있다는 감각을 지녀야 합니다**.

이 두 가지는 밀접한 관계가 있습니다. 뼈가 제대로 버팀으로써 근육의 쓸데없는 힘을 없앨 수 있기 때문입니다. 반대로 근육의 쓸데없는 힘을 뺌으로써 뼈가 버티고 있다는 감각을 지니게 되고요.

구체적인 예를 볼까요. 지금 이 책을 읽는 자세 그대로 목 뒤를 만져 보세요. 아마 근육이 단단할 겁니다. 머리의 하중을 목 근육이 받치고 있다는 증거죠.

그렇다면 이제 척추 위에 머리를 제대로 얹는 훈련을 해 보겠습니다. 척추가 머리를 받치고 있다는 감각을 맛보게 됩니다.

머리 얹기

가부좌를 틀고 앉습니다. 척추를 쭉 편다고 상상하며 앉습니다. 엉덩이를 빙빙 돌려 보면 좌골이 느껴질 겁니다. 좌골은 엉덩이 속에 묻혀 있는 뾰족한 뼈입니다. 이 좌골 위에 골반을 세운다고 상상하세요. 그 위에 척추를 얹어서 머리까지 이어진다고 상상하면 쉬울 겁니다.

머리는 쭉 들어 올립니다. 이때 사람에 따라 약간 앞쪽으로 숙이거나 뒤로 넘어가는 경향이 있습니다. 올바르게 머리를 들어올리기 위해 이미지를 이용해 봅시다.

먼저 동양식으로 설명하죠. 백회百會라는 혈자리에서 나온 투명한 실을 위에서 잡아당기는 느낌입니다. 백회는 머리 꼭대기의 가마 가까운 곳, 두개골이 살짝 들어간 부분입니다.(들어가지 않은 경우도 드물게 있으니, 한의원이나 지압원에 가게 되면 백회가 어디인지 물어보세요.)

서양식으로 설명하면, 양쪽 귓구멍을 연결한 선과, 양쪽 눈 사이(실은 그보다 조금 아래, 콧등이 시작되는 부분입니다)와 후두부의 두개골이 살짝 들어간 부분을 연결하는 선을 그립니다. 그리고 그 두 직선이 교차하는 점을 그려 보세요.

그대로 그 점을 위로 끌어올립니다. 두개골과 부딪치는 곳에서 투명한 선이 나와 위로 당겨진다고 생각해 보세요. 그 상태가 앞으로도 뒤로도 기울지 않은 자연스러운 머리의 각도입니다. 턱은 지면과 평행을 이룬다고 상상하세요.

척추가 제대로 펴져 있고, 머리는 위로 부드럽게 당겨져 척추 위에 얹혀 있다고 느껴지나요? 그 상태에서 목 뒤를 만져 보세요. 제대로 얹혀 있다면 목 근육이 말랑말랑할 겁니다. 즉 척추 위에 머리가 얹혀 있으므로 아까 책을 읽는 자세처럼 목 근육이 긴장할 필요가 없습니다.

이제 손을 떼고 평소처럼 고개를 약간 앞으로 내밀어 보세요. 아마 다른 사람과 이야기할 때 취하는 자세일 겁니다.

그 자세를 유지한 채 목 뒤를 만져 보세요. 목 근육이 다시 딱딱해져 있을 텐데요, 척추 위에 머리가 제대로 얹혀 있지 않으므로 근육이 힘을 주어 버티는 것입니다.

아마 그 자세가 더 자연스럽게 느껴질 겁니다. 즉 목이 언제나 긴장된 상태죠. 머리의 무게는 평균 5킬로그램 정도인데, 그 무게를 하루 열 몇 시간 동안 떠받치고 있는 셈입니다. 그러니 목이나 어깨가 뭉치는 것은 당연하겠지요.

그렇다고 해서 늘 머리를 척추에 얹고 있으라는 말은 아닙니다. 이 책을 읽는 자세가 그렇듯, 머리를 언제나 척추 위에 제대로 얹고 있기란 불가능합니다.

중요한 점은 '머리를 언제나 척추에 얹어야겠다'는 생각이 아니라 **목의 긴장을 자각하는 것**입니다. 그것이 '버릇'과의 차이입니다.

이 훈련을 거듭하다 보면 어느 순간 목이 편해지고 근육이 아닌 뼈가 머리를 버텨 준다는 느낌이 올 텐데, 그 감각을 알아야 합니다. 제대로 머리를 척추에 얹었을 때 느껴지는 해방감을 기억해 두세요.

그러면 목 근육을 풀기 위해 의식해서 머리를 척추 위에 얹을 수 있게 됩니다. 일부러 똑바로 누워서 베개를 베지 않아도 풀 수 있게 되죠.

목에 힘이 들어갔다는 사실을 자각하는 것, 이 부분이 가장 중요합니다. **힘이 들어갔다는 사실을 자각할 수 있다면 힘을 뺄 수도 있으니까요.**

힘 빠진 **편안한 몸**이 되기 위해 가장 중요한 뼈는 **척추**입니다.

척추의 길이를 오해하는 사람이 많습니다. 척추는 목

아래부터 골반 위까지가 아닙니다. 두개골이 움푹 팬 후두부에서 엉덩이가 갈라지는 부분 약간 위, 뼈가 툭 튀어나온 곳까지입니다. 해부학적으로 말하자면 1번 척추부터 미골까지입니다.**[그림 VI-1]**

우선 이 길이를 머릿속에 그려 보세요.

이렇게 긴 척추가 우리 몸을 버텨 주고 있습니다. 뼈가 버텨 주어 선다는 것은 뼈 위에 제대로 무게를 싣고 있다는 말이죠.**[그림 VI-2a·b]**

똑바로 선다고 하면 **[그림 VI-2a]** 같은 상태를 떠올리는 사람이 많습니다. 벽에 기대어 서는 훈련을 받으면 이렇게 되곤 합니다. 벽에 등을 대고 똑바로 선다는 이미지를 확인하려 한 결과죠.(더욱 극단적인 경우도 있습니다. 척추가 아니라 등 근육이 몸을 버텨 준다고 생각하는 사람은 등에 힘이 잔뜩 들어가 있습니다.)

'자연스럽게' 선 자세는 **[그림 VI-2b]**입니다.

무게중심선은 우리 몸의 중심을 관통합니다. 머리는 백회에서 시작해 척추의 뒷부분이 아닌 앞쪽을 지나 고관절, 무릎 관절을 통과해 뒤꿈치 관절을 지나갑니다.

이 자세가 '올바른 자세'입니다.

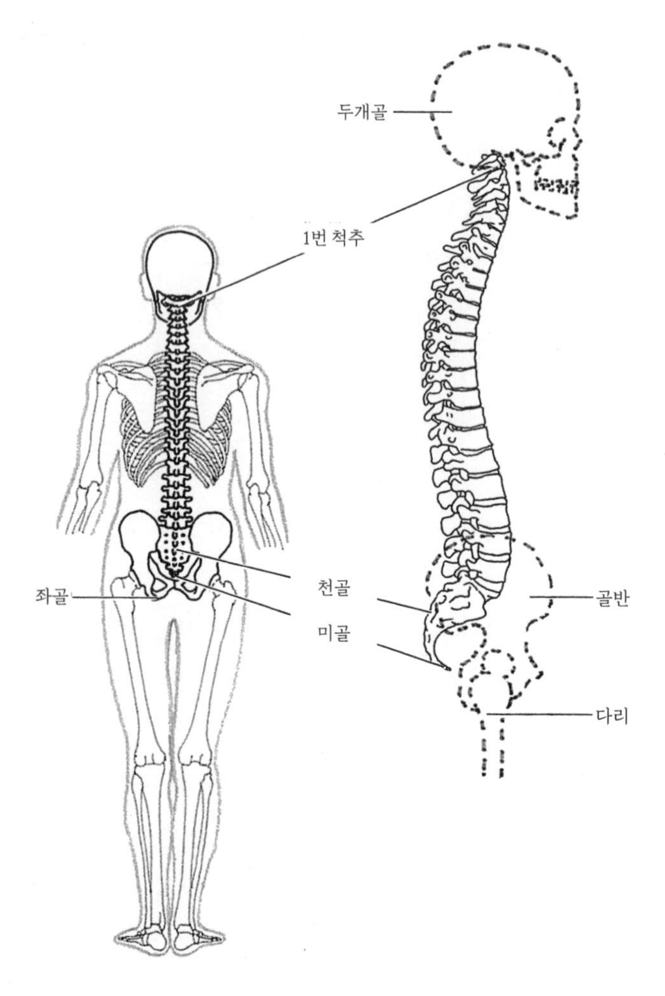

[그림 VI-1] 뒤와 옆에서 본 척추

몸에서 또 하나 중요한 곳이 바로 골반입니다.

앞서 골반 각도가 극단적인 상태[**그림 IV-1·2**](202쪽)를 보셨죠. 골반의 올바른 각도를 찾는 방법은 **머리 얹기**에서 말한 좌골 위에 골반을 세우려는 감각입니다. [**그림 VI-3**]은 앉았을 때의 균형을 나타내는 그림입니다. 골반 각도가 자연스러워지면 무게중심선은 척추에서 고관절, 좌골을 차례로 지나갑니다.

자세를 확인하기 위해서는 **자신의 모습을 영상으로 촬영하는 것을 추천합니다.** 서거나 앉은 모습을 정면, 옆, 다양한 각도에서 찍은 다음 무게중심선을 확인해 보세요.

처음부터 제대로 서거나 앉으려고 의식하지 마세요. 일단 가장 편안하게 느껴지는 자세를 영상으로 찍어서 자신의 버릇을 발견하는 것이 중요합니다.

척추와 골반을 주의 깊게 살펴보세요.

목의 긴장도 척추와 머리의 관계에서 비롯되므로 역시 척추에 주목해야 합니다. 몸의 모든 긴장은 목에서 시작된다고 말하는 사람도 있습니다.

일단 편안하게 느끼는 목의 각도를 유지하세요. 목이 앞으로 나와 있거나 뒤로 꺾여 있지는 않은지요? 다음에는 올바르다고 생각하는 각도를 취해 보세요. 그때 머리와 척

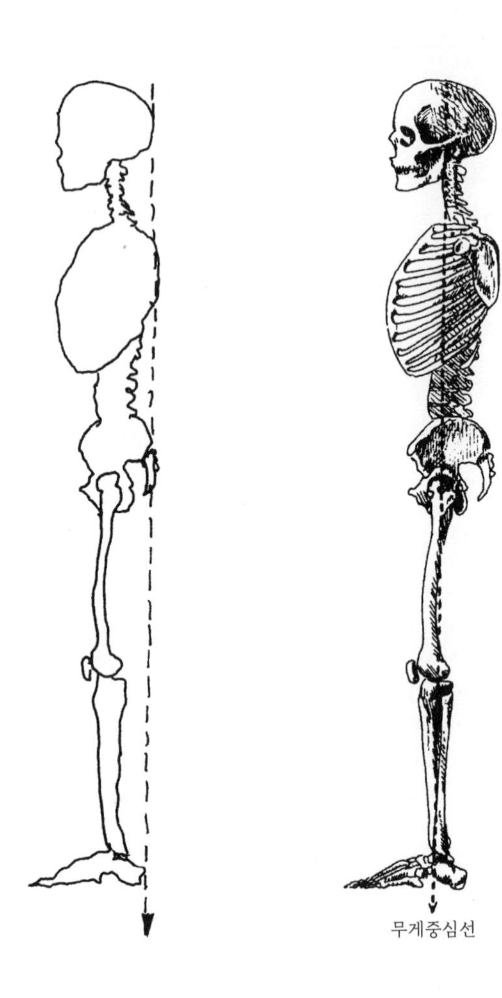

[그림 VI-2] (a) 잘못된 이미지 (b) 자연스럽게 선 자세

illustration © William Conable

Barbara Conable, William Conable, 『How to Learn the Alexander Technique』

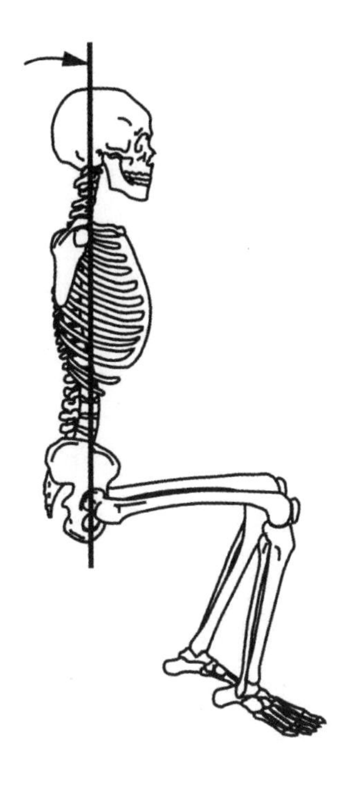

[그림 VI-3] 체중이 중심선을 관통하여 고관절과 좌골 위에 실려 있다.

Barbara Conable, Benjamin Conable, 『What Every Musician Needs to Know About the Body — The Application of Body Mapping to Music』

추의 관계에 주목하세요. 중심선에서 봤을 때 머리를 척추가 제대로 지지하고 있나요? 아니면 목 근육이 지지하고 있나요?

척추가 제대로 몸을 지지하고 있지 않으면 척추 근육이 대신 지지하게 되므로 등이 심하게 긴장합니다. 척추가 긴장되어 있으면 주변 사람도 그 상태를 느낄 수 있습니다.

새우등은 척추가 제대로 받쳐 주지 못하기에 근육에 힘이 심하게 들어가서 등을 지지하는 자세입니다. 그 긴장은 옆 사람에게까지 느껴집니다. 주변에서 새우등처럼 보이는 사람을 찾아보세요. 등 근육의 긴장이 여러분에게도 분명하게 전해질 겁니다.

영상에 찍힌 여러분의 자세는 어떻습니까?

골반 각도에 주목하세요. 무게중심선이 통과하는 각도인가요? 아니면 선이 끊겨서 허리 주변 근육으로 떠받치는 각도인가요? 뒤로 꺾여 있지는 않은가요? 골반 아랫부분이 나와 있지는 않나요? 허리 주변의 근육은 긴장되어 있지 않나요? 배꼽 뒤쪽의 등 근육이 굳어 있지 않나요? 잘 살펴보세요.

VII
머릿속에 그림을 그린다는 것

⊙

'머릿속에 그림을 그리라'고 줄기차게 말하고 있지요. 그만큼 중요하기 때문입니다.

영국에 있을 때 러시아 연출가와 이야기를 나눌 기회가 있었습니다. 그는 예전에 '상상력 훈련'이라는 것을 해보았다고 하더군요. 면도칼을 손에 들고 손목을 긋는 시늉을 하는 것부터 시작합니다. 몇 번이고 손목을 긋는 시늉을 해서 '면도날로 손목을 긋는다'는 이미지가 완벽하게 떠올랐다면, 이번에는 면도날을 명함 같은 종이로 바꾸어 손목 위를 천천히 긋습니다. 손에 들고 있는 것은 종이지만 머릿속에는 면도날이 그려진 상태입니다. 그러자 손목에 진짜로 칼에 베인 상처가 나타났다(!)고 합니다.

저는 이 에피소드의 가능성을 믿습니다. 오컬트가 아닙니다. 인간의 몸과 정신은 이 정도로 밀접하게 연결되어 있다고 생각하기 때문입니다.

진지하게 믿고 머릿속에 그리면 정신이 몸을 바꿀 수도 있다고 봅니다.(이 또한 하나의 신체 훈련입니다. 물론 저는 굳이 이런 훈련은 하지 않지만, 어쨌든 이것은 '신체'에 접근하는 방법이라 할 수 있습니다. '육체'가 아니라 '신체'라고 말하는 것도 몸에는 이런 '정신성'이 깃들어 있다고 믿기 때문입니다.)

러시아에서는 한 작품을 몇 년씩 연습하므로 집중하기 위한 준비를 철저히 할 수 있습니다. 보통 사람이 이 실험을 한다고 해서 저런 결과가 나오리란 보장도 없고요.

그래도 저는 '몸'과 '정신'은 서로 다양하게 영향을 주고받는다는 사실을 잘 압니다. 정신적으로 괴로운 사람의 몸은 등이 구부정하기 마련이고, 기분이 좋은 사람의 몸은 유연하고 빛이 나는 것을 자주 봅니다.

그래서 저는 '정신'을 그림이라고 말하는 것입니다. **머릿속으로 어떤 그림을 그리는지는 우리 '몸'에 구체적인 영향을 끼칩니다.** 내 몸이 새우등이어서 앞쪽이 떠받치고 있다고 상상하는 몸과 등 근육이 떠받치고 있다고 상상하는 몸은 분명히 다릅니다.

그러므로 신체가 올바르게 기능하는 이미지를 그려

볼 필요가 있습니다. 그리고 그 이미지를 확인하거나 보강하는 훈련을 해야 합니다.

이번 훈련은 척추를 느끼는 훈련입니다.

긴장 훈련과 **세미스파인 훈련**을 차례로 한 뒤라면 몸이 조금은 편해진 느낌이 들지도 모릅니다. 몸의 미묘한 차이를 실감하는 일은 매우 중요합니다. 자신의 몸에게 정성스레 묻는다면 희미한 차이를 느낄 수 있을 겁니다.

이렇게 **몸 안쪽으로** 향하는 의식을 키워 나가면 작은 차이를 크게 실감할 수 있게 됩니다. 몸이 조금이라도 풀어지기 시작하면 이 미묘한 차이가 자연스레 느껴집니다. 잔뜩 긴장해서 뭉친 몸은 세게 주물러도 약하게 주물러도 차이를 느끼지 못하지만, 유연하게 풀어진 몸은 작은 차이를 민감하게 느낄 수 있지요.

(A) 서기

2인 1조 훈련입니다. 훈련자 A는 편안한 자세로 일어섭니다. 신발을 벗을 수 있는 장소라면 맨발로 훈련하는 편이 좋습니다.(반드시 그래야 하는 것은 아니지만, '서기'라는 기본 자세를 취할 때 맨발로 서면 바닥을 느끼기 쉬워집니다.)

먼저 공간을 느낍니다.

불필요한 힘을 빼고 쭉 일어선다고 상상해 보세요. 몸을 열고 마음을 엽니다. 몸을 열기 위해서는 긴장을 없애고, 마음을 열기 위해서는 초조함을 버립니다. 편안히 서서 주변 공간과 바닥을 느껴 봅니다.

다리는 어깨너비보다 약간 넓게 벌립니다.

다리가 바닥을 꽉 붙들고 있다고 상상해 보세요.

백회에서 시작된 중심선은 (목과 몸통의) 척추 앞부분, 고관절, 무릎 관절을 지나고 발바닥 한가운데를 지나 지면에 도달합니다.

체중은 발바닥 한가운데에서 앞뒤로 나뉘어 실립니다. 뒤꿈치에 2분의 1, 발가락에 4분의 1, 발가락이 시작되는 튀어나온 부분에 4분의 1이 실립니다.

체중 대부분이 뒤꿈치로 집중되는 것이 아닙니다. 뒤꿈치에 체중을 모으고 서 있다면 몸이 뒤로 기울어 있을 겁니다. 또한 발가락이나 발가락이 시작되는 부분에만 체중을 싣는다면 몸이 앞으로 기울게 됩니다.

백회에서 투명한 실이 나와 머리를 위로 부드럽게 당기고 있다고 상상해 보세요.

턱은 바닥과 평행하게 유지합니다. 내밀거나 들어가면 안 됩니다. 등은 쭉 뻗으면서 펼쳐진다고 생각하세요.

몸의 무게중심은 **단전**입니다. 턱이나 가슴이 아닙니다. 단전에 몸의 중심과 무게중심이 있다고 상상하세요. 이것이 '자연스럽게' 서 있는 이미지입니다.

파트너 B는 A가 중심선을 의식하면서 서 있는 자세를 확인합니다. 만약 턱이 나와 있거나 골반이 앞이나 뒤로 기울어져 있거나 어깨가 나란하지 않거나 가슴이 나와 있다면 지적해 줍니다. 가령 어깨를 지적하며 바로잡아 주면 A는 '불쾌감'을 느낄 수도 있습니다. 시간이 걸리게 마련이므로 너무 까다롭게 고쳐 주려고 애쓰지 않아도 됩니다. 다만 말은 해 주어야 합니다. 그 말을 들은 사람도 심각해질 필요는 없습니다. 잘못된 자세를 알고 바로잡기 위해 꾸준히 훈련하는 거니까요.

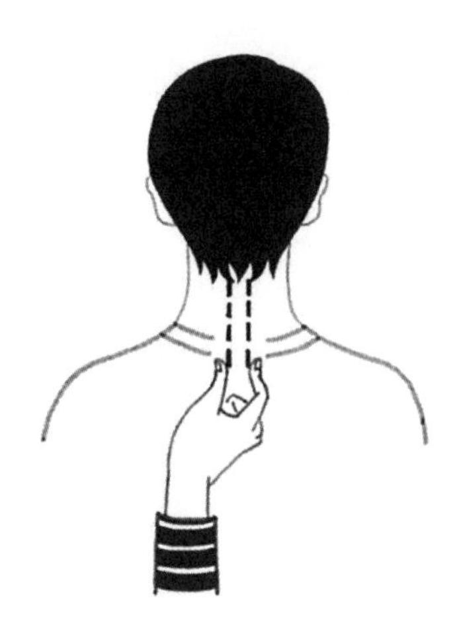

[**그림 3-1**] 척추 양쪽을 꾹 누른다.

이번에는 A의 척추를 B가 손가락 두 개로 꾹 누릅니다. 엄지와 검지를 쓰면 편할 겁니다. 오른손을 쓴다면 오른손 엄지와 검지로 A의 척추 양쪽을 눌러 주세요.[**그림 3-1**]

A는 눌리는 부분의 힘을 뺍니다.

시작은 머리 뒤쪽, 두개골이 움푹 팬 부분입니다. 귓구멍의 위치를 그대로 후두부로 평행이동하면 됩니다. 그곳이 바로 척추가 시작되는 곳입니다.[**그림 3-2**]

B는 거기서부터 아래로 내려가면서 A의 척추 양쪽을 엄지와 검지로 꾹꾹 눌러 줍니다. A는 어깨너비보다 조금

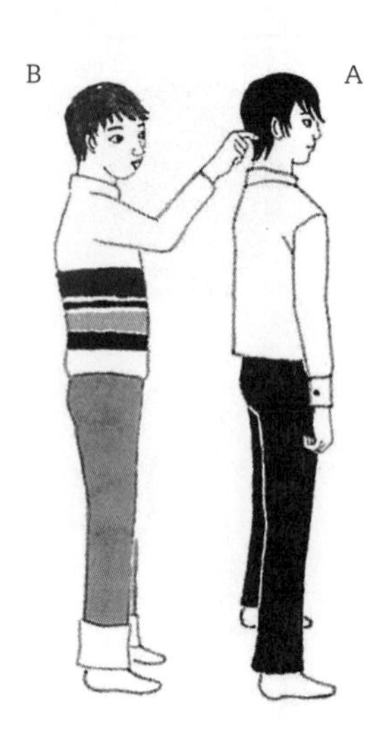

[그림 3-2] 척추가 시작되는 부분(귓구멍과 같은 높이)부터 엄지와 검지로 누른다.

넓게 다리를 벌리고 서서, 눌리는 곳의 힘을 차례로 뺍니다.**[그림 3-3·4·5]** 마지막은 엉덩이가 갈라지는 부분의 바로 위, 뼈가 툭 튀어나온 부분입니다.**[그림 3-6]** 이때는 하반신에 몸을 지탱하는 만큼만 힘을 넣고 상반신 전체의 힘을 뺀 상태입니다.

절대로 무릎을 억지로 쭉 펴려고 애쓰지 마세요. 특히 **[그림 3-4·5·6]** 상태에서는 절대로 안 됩니다. 무릎에 통증이 느껴지면 무릎을 구부린 상태에서 이어 나가면 됩니다.

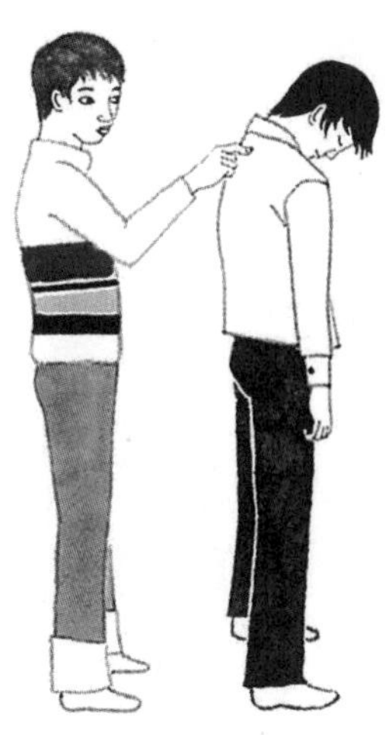

[그림 3-3] B가 A의 목을 누르면 A는 목의 힘을 뺀다.

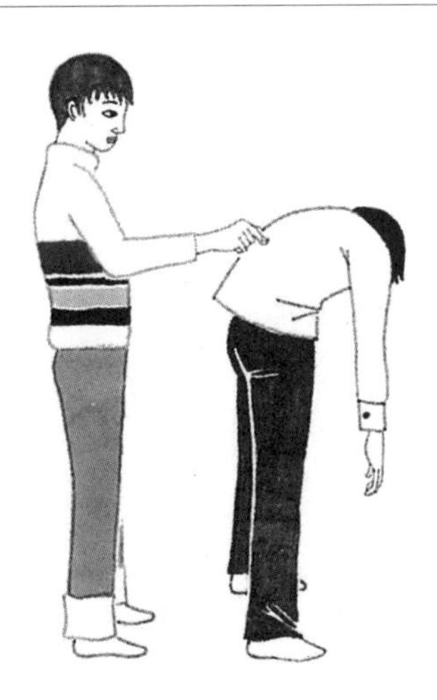

[그림 3-4] A는 눌리는 곳의 힘을 차례로 뺀다.

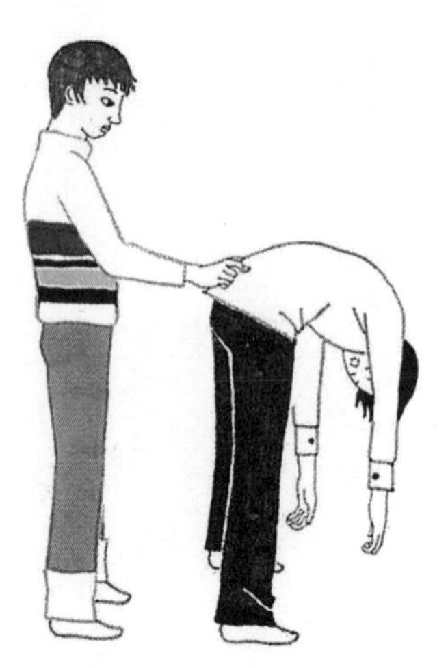

[그림 3-5] 무릎을 억지로 펴지 않도록 주의한다.

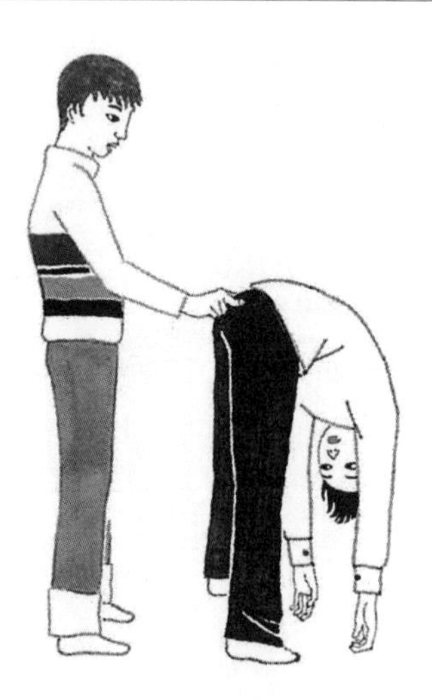

[그림 3-6] 상체에서 완전히 힘을 뺀다.

[그림 3-6] 상태에서는 항문이 천장을 향한다고 상상하며 상체 힘을 빼 보기 바랍니다. 물론 몸이 굳어서 **[그림 3-5]** 상태와 각도 차이가 별로 없는 사람도 있습니다. 서두르지 말고 천천히 해 나가세요.

상체 힘을 완전히 뺀 상태까지 갔다면 B는 A를 천천히 흔들어 봅니다.

아주 가볍게, 살포시 누르는 느낌으로요. 상체 힘이 제대로 빠진 상태라면 B가 누른 힘이 A의 몸에 느리게 전달되어 상체가 서서히 흔들리게 됩니다.

아주 살짝, 오른쪽을 눌렀을 뿐인데 그 흔들림이 서서히 상반신 전체로 전해져 얼마간 양옆으로 흔들릴 겁니다.

오른쪽, 왼쪽뿐 아니라 위쪽과 아래쪽도 눌러 봅니다. 가볍게, 살며시. A가 힘을 완전히 빼고 있다면 상체가 물결처럼 흔들릴 겁니다.

이때 손과 고개의 힘이 확실히 빠져 있는지 훈련자와 파트너 모두 주의 깊게 살펴야 합니다. 어느 틈에 손이 긴장되어 좀비처럼 손만 앞으로 뻗어 있을 수도 있습니다. 목에 힘이 들어가서 얼굴만 앞을 보고 있는 사람도 있습니다.

한동안 흔들고 나면 이번에는 반대로 해 나갑니다.

B는 A의 엉덩이가 갈라지는 곳 바로 위, 뼈가 툭 튀어

나온 부분부터 점점 위로 올라가며 척추를 누릅니다. A는 점점 힘을 넣되, 그렇다고 너무 많이 넣어서는 안 됩니다. 이번에는 아까와는 반대 순서로 힘을 넣으며 서서히 몸을 일으킵니다.

이때 손이나 목, 무릎에 힘이 들어가지 않도록 주의하세요.

목 위, 머리 뒤까지 오면 끝입니다. 마지막에 고개를 들어 정면을 향했을 때 몸이 가벼워진 느낌이 든다면 훌륭하게 해낸 것입니다.

모든 긴장이 다 풀어진 채로 일어났다면 이 기분 좋은 감각이 느껴질 겁니다.

이제 역할을 바꿔서 훈련합니다.

▲ 주의사항

Ⓐ 이 훈련을 하는 목적은 무엇인가요?

몸 안쪽으로 향하는 의식을 높이기 위해서는 **목**, **척추**, **골반** 그리고 **몸의 무게중심**을 의식하는 것이 매우 중요합니다. 이 훈련은 **척추**에 주목하여 척추가 몸을 떠받치는 것을 머릿속에 그리기 위한 훈련입니다. 또한 익숙해지면 단시간에 몸이 풀리는 효율적인 훈련이기도 합니다.

❸ 혼자서 해도 되나요?

물론입니다. 2인 1조로 하라는 이유는 우선 척추를 실감하자는 취지입니다. 몇 번 하다 보면 혼자서도 천천히 힘을 빼는 좋은 기분을 느낄 수 있을 겁니다. 저는 등이 뭉쳤다고 느낄 때면 평소에도 혼자 남몰래 척추 훈련을 한답니다.

❹ 힘을 모두 뺀 상태에서 파트너가 누르면 쓰러져 버립니다.

편안한 몸에 대한 설명이 기억나시는지요? 편안한 몸이란 **몸 어디에도 불필요한 힘이 들어가 있지 않으면서도 몸을 버티기 위해 필요한 만큼만 힘이 들어가 있어서 언제든 움직일 수 있는 몸**이라고 했지요. 즉 최소한의 힘은 필요하다는 뜻입니다.

파트너가 별 힘을 주지 않고 살짝 눌렀는데도 쓰러져 버렸다면 '필요한 긴장'도 하지 않은 것입니다. 하반신은 필요한 긴장을 유지해야 합니다. 상반신은 가볍게 누르면 흔들립니다. 하지만 하반신에는 그 흔들림을 지탱할 힘이 필요합니다. 다만 무릎이 뻗대고 있거나 허벅지가 지나치게 긴장해 있으면 의미가 없습니다. 쓸데없는 힘이 아니라 **필요한 만큼의 힘을 넣는다**는 이미지를 머릿속에 그려야 합니다.

VIII
스트레칭에 관하여

⊙

아마 몸을 풀기 위해서 스트레칭을 많이들 하고 계실 겁니다. 스트레칭의 중요성은 굳이 말하지 않아도 잘 아시겠지요.

목소리 단련 편에서 자세히 설명했듯이 워밍업과 워밍다운은 꼭 필요합니다. 훈련 전후 그리고 자기 전에 꼭 스트레칭을 하기 바랍니다.

스트레칭 방법은 스포츠 관련 서적에서 많이 소개하고 있으므로 자세하게 쓰지 않겠습니다.(그것까지 설명하면 책이 자꾸 두꺼워지니까요.) 여기서는 주의할 점 몇 가지와 발성에 필요한 스트레칭만 소개하겠습니다.

(1) 구령은 필요 없다

스트레칭이란 우리가 몸과 나누는 '대화'입니다. 우리 몸은 날마다 컨디션이 다릅니다. 스트레칭은 몸에게 "오늘은 컨디션이 어때?" 하고 묻는 일입니다. 중고등학교 때처럼 둥글게 모여 '하나, 둘, 셋, 넷' 하는 구령에 맞추어 아킬레스건을 늘이는 것은 의미가 없습니다. 아니, 해롭습니다. 자칫 우리 몸의 소중한 목소리를 듣지 못하고 놓칠 수 있기 때문입니다.

물론 다 함께 하는 스트레칭은 정신적으로 '결속'이라든가 '결집', '동료'라는 이미지를 부여합니다. 그러나 스트레칭이란 지극히 개인적인 것입니다. 그런 결속이나 동료의식은 다른 수업에서 갈고닦으면 됩니다.

참고로 재즈댄스 연습 전에 스트레칭을 할 때는 대체로 음악을 틀어 놓고 합니다. 그것은 **몸 바깥으로**, 즉 '어떻게 보이는지'를 알기 위한 스트레칭입니다. 나쁘다는 말은 아닙니다. 다만 발성에 필요한 스트레칭과는 관점이 다르다는 것을 분명히 의식했으면 합니다. 폼 나게 목을 돌리는 것과 자신의 목 근육과 대화를 나누는 것은 다르지요.

(2) 힘이 아닌 무게

목을 돌리는 스트레칭을 예로 들어 설명하겠습니다.

재즈댄스 워밍업에서 음악에 맞추어 목을 돌리는 것은 몸 바깥을 의식하는 스트레칭이라고 방금 이야기했지요. **몸 안쪽**을 의식하는 목 스트레칭은 **목의 무게 자체**를 사용합니다.

무슨 말인지 실제로 해 보죠. 책을 내려놓고, 우선 목에서 힘을 빼 보세요. 목을 그대로 앞으로 축 늘어뜨리듯 숙입니다. 그것만으로 목 뒷근육이 늘어납니다. 아무런 힘도 필요 없습니다. 오직 머리의 무게만으로 스트레칭이 됩니다. 이때 느껴지는 시원함을 음미하기 바랍니다. 지금 머리는 머리의 무게만으로 균형을 잡고 있는 상태입니다.

이제 조금만 힘을 주어 머리를 오른쪽이나 왼쪽으로 살짝 돌려 보세요. 많은 힘이 필요 없습니다. 아주 적은 힘으로도 균형이 무너집니다. 그대로, 균형을 무너뜨리는 최소한의 힘으로 머리를 천천히 돌려 보세요. 머리가 옆으로 오면 머리 무게만으로 반대쪽 목이 늘어납니다. 그대로 또 조금만 힘을 주어 균형을 무너뜨린 채로 머리를 뒤로 가져옵니다. 그러면 머리의 무게로 목 앞이 펴집니다. 그대로 조금만 힘을 주어 천천히 이동시킵니다. 그리고 여러분이 목 근육과 나누는 '대화'의 속도로 이동을 마칩니다.

이제 느껴지지요. 그렇게 나름의 속도로 목을 돌리다 보면 '아프지만 시원한' 부분이 나옵니다. 그 지점에서는 특히 천천히 움직여 줍니다. '아프지만 시원하다'는 것은 목 근육이 "더 정성스럽게, 더 천천히"라고 이야기하는 것입니다. 같은 속도로 목을 돌려서는 안 됩니다. 아니, 그건 목과 대화하기를 거부하는 안타까운 일입니다.

상체를 앞으로 숙인다든지 다리를 벌리는 스트레칭도 모두 마찬가지입니다. 힘으로 숙이지 말고 상반신 무게만으로 스트레칭을 해야 합니다. 억지로 힘을 주며 눌렀다간 근육만 다칩니다.

(3) 오기가 아니라 관절

바닥에 다리를 가지런히 뻗고 앉아 상체를 숙이는 '앞으로 숙이기' 동작을 예로 들겠습니다. 몸이 뻣뻣하다는 예를 들 때 곧잘 나오는 동작이죠. 힘을 주면서 상체를 밀면 관절뿐 아니라 척추까지 상하게 됩니다.

무조건 굽히는 것이 아니라, 몸 어디를 굽힐 수 있는지를 이해해야 합니다.

이 동작은 등을 굽히는 것이 아닙니다. 애초에 몸은 그만큼 굽어지지도 않습니다. 그렇게 굽어진다면 등은 부러지고 말 겁니다.

등이 아니라 고관절을 구부려야 합니다. 등은 전혀 굽어지지 않습니다. 고관절이 유연해지면 질수록 앞으로 많이 숙일 수 있게 되는 거죠.

하지만 오기로 힘을 주면 고관절이 아니라 등허리 부분부터 굽히게 됩니다. 실제로 허리 부분이 굽어지는 이미지를 떠올리는 사람도 있는데, 그렇게 하면 허리가 완전히 망가지고 맙니다.

스트레칭은 대부분이 관절을 굽히는 것입니다.

따라서 우리 몸 어디에 관절이 있고, 어떤 관절을 구부림으로써 스트레칭하는 것인지 이해할 필요가 있습니다. 그러려면 골격 표본이나 스트레칭 관련 책을 보면서 지식을 좀 쌓아야겠지만, 그 시간을 내기까지는 우선 자신의 관절에 민감해집시다. 몸 어디에 관절이 있고 어디를 굽히는지 자각해야 합니다.

(4) 시원한 기분 음미하기

스트레칭을 하면 무척 시원하죠. 물론 몸이 뻣뻣하면 아플 수도 있습니다. 바닥에 앉아 다리를 벌리는 스트레칭을 할 때 고관절 자체가 뻣뻣하면 몹시 아프죠. 노구치 체조를 가르치는 하토리 미사오 씨는 '참을 수 있는 통증'과 '참을 수 없는 통증'의 차이를 느끼라고 말합니다. 고관절을 굽혔을 때 그 통증이 '참을 수 있는 통증'인지 '참을 수 없는 통증'인지 스스로 느낄 필요가 있다는 뜻이죠. 명언입니다.

'참을 수 있는 통증'은 끝내는 시원한 느낌으로 변합니다. '참을 수 없는 통증'이 느껴질 때는 무리하지 마세요. 몸의 무게로 억지로 누르면 안 됩니다.

지금까지 스트레칭을 할 때 주의할 점 몇 가지를 설명했습니다. 이제 발성에 특별히 효과적인 스트레칭으로 넘어가 보죠.

몸 훈련에서 빼놓지 않고 꼭 해 주었으면 하는 훈련이 바로 다음에 설명할 **[훈련 4] 사이드 스트레칭**부터입니다. **긴장 훈련, 세미스파인 훈련, 척추 훈련**까지는 필요에 따라 하면 됩니다.(이 책의 목적은 힘을 뺀 **편안한 몸**을 짧은 시간 안에 만드는 것입니다. 물론 훌륭한 몸 훈련법이 많이 있지만, 그 방대한 훈련을 전부 할 시간은 없습니다. 필요 최소한의 훈련을 효율적으로 소화하려면 **사이드 스트레칭**부터 해도 충분합니다.)

이 스트레칭은 목소리 단련 편에 나왔던 **사이드(백) 스트레칭**의 강화 훈련입니다.(**사이드(백) 스트레칭**은 가슴이나 몸통, 즉 흉곽을 풀어 주고 넓히는 훈련으로, 횡격막을 유연하게 해 줍니다. 이 훈련은 널리 하는 스트레칭은 아니지만, 발성을 위해서는 꼭 필요합니다.)

(A) 위로 늘이기

다리를 어깨너비로 벌리고 서서 상체를 숙입니다.**[그림 4-1a]** 그다음 천천히 오른팔을 들어 올리면서 숨을 들이마십니다.**[그림 4-1b]**

그대로 손이 어깨 위를 넘어가면 팔을 위로 쭉 펴면서 천천히 숨을 뱉습니다. 오른팔을 들고 있을 때는 무게중심

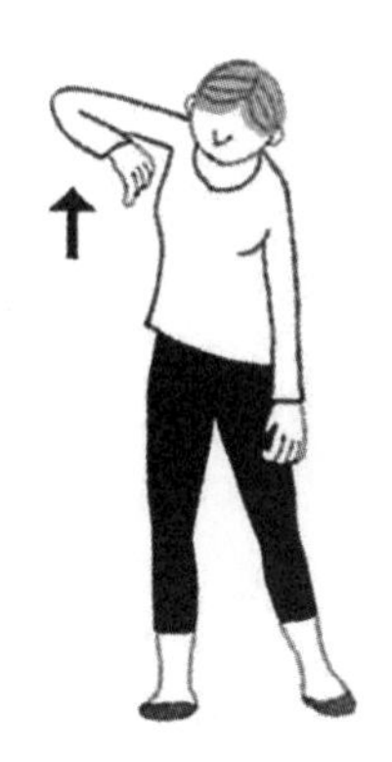

[그림 4-1]

(a) 어깨너비로 다리를 벌리고 서서 가볍게 상체를 숙인다.

(b) 천천히 숨을 들이마시면서 한쪽 팔을 들어 올린다.

을 오른발에 둡니다. 왼쪽 어깨는 아래로 내려간다고 상상하세요. 오른팔에 딸려 올라가지 않도록 주의하세요. 골반도 아래로 내려간다고 상상하세요. 역시 오른팔에 딸려 올라가지 않도록 주의합니다.**[그림 4-1c]**

오른손 끝(특히 검지, 중지, 약지 세 손가락)을 천장에서 당긴다고 상상하며 팔을 뻗습니다. 숨은 계속 천천히 내뱉습니다.

얼굴은 뻗은 손끝을 향하는 편이 몸을 펴기 쉽습니다.

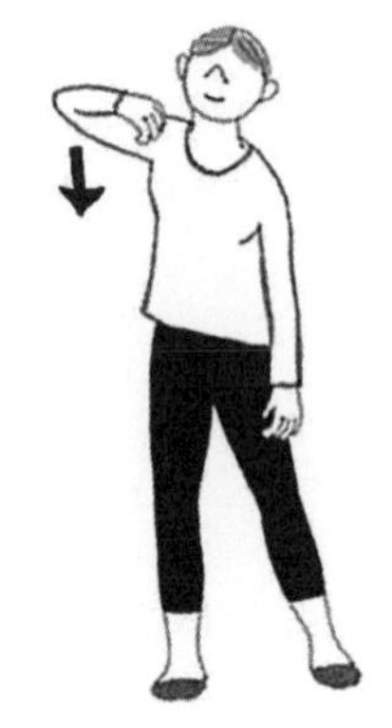

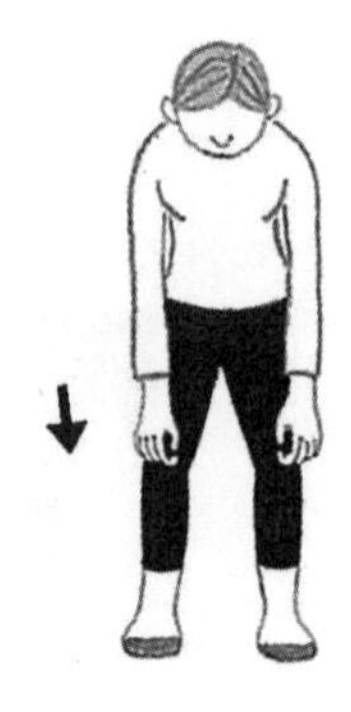

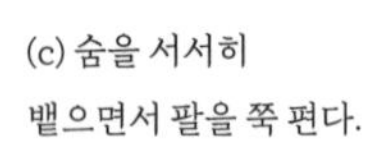

(c) 숨을 서서히 뱉으면서 팔을 쭉 편다.

(d) 숨을 들이마시면서 서서히 팔을 내린다.

(e) 힘을 쭉 빼면서 가볍게 상체를 숙인다.

익숙해지면 정면을 봐도 상관없습니다. 처음에는 얼굴이 손가락 끝을 바라보는 식으로 여러 번 해 보고, 몸을 늘이는 이미지가 그려진다면 정면을 보는 것도 시도해 보세요.

골반을 내리고 손끝이 당겨지는 모습을 그리면 오른쪽 옆구리가 쭉 펴질 겁니다. 편안하게 숨을 내뱉으면서 오른쪽 옆구리를 충분히 늘입니다.

오른팔을 뻗으면서 숨을 다 내뱉었다면 서서히 숨을 들이마시면서 오른팔을 내리고 근육을 수축시킵니다.[그

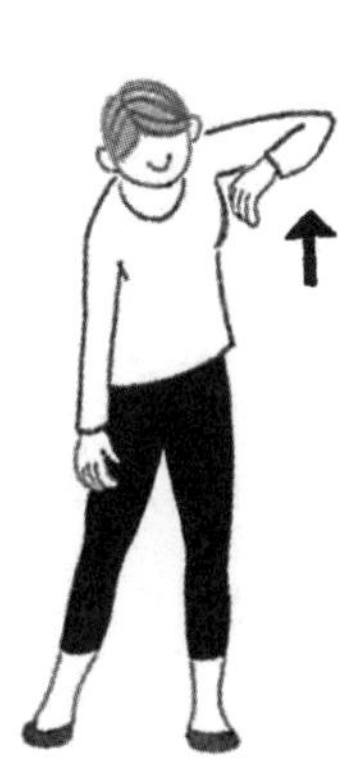

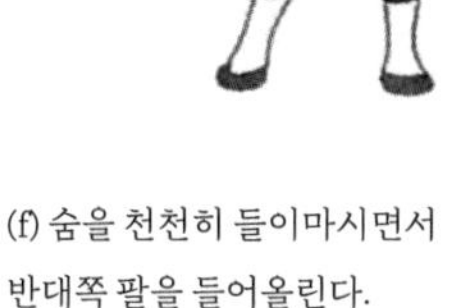

(f) 숨을 천천히 들이마시면서
반대쪽 팔을 들어올린다.

(g) 숨을 천천히 내뱉으면서
팔을 쭉 편다.

림 4-1d] 그러고는 근육의 힘을 단숨에 빼서 늘어난 근육을 편안하게 합니다.**[그림 4-1e]**

이어서 숨을 들이마시면서 반대쪽 팔을 들어올립니다.**[그림 4-1f]** 왼손이 어깨를 넘어간 즈음에서 숨을 내뱉으며 왼팔을 위로 쭉 뻗습니다.**[그림 4-1g]**

어디서 숨을 뱉을지 너무 곰곰이 생각할 필요는 없습니다. 숨을 뱉으면서 왼팔을 쭉 펼 때 왼쪽 옆구리까지 쭉 펴지면서 시원하게 느껴지는지가 관건입니다.

이때 무게중심은 왼발에 둡니다. 오른쪽 어깨가 무의식적으로 올라가지 않도록 주의하세요. 골반은 내려간다고 상상하세요. 이렇게 양쪽을 번갈아 되풀이합니다.

이 훈련을 할 때 재즈댄스를 오래 해 온 사람은 무의식적으로 포즈를 취하게 됩니다. 왼손을 위로 올리고 '정해진 포즈'로 이 연습을 하는 거죠.

그러나 여러분이 이 훈련을 하는 목적은 '복식호흡'에 필요한 옆구리 스트레칭을 하기 위해서입니다. 정해진 포즈로는 옆구리가 충분히 늘어나지 않습니다. 해 보면 스스로 느낄 수 있을 겁니다.

어떤 식으로 보이는지, 즉 **몸 바깥으로 향하는 의식은 버리고** 옆구리를 쭉 펴기 바랍니다.

왼팔을 뻗으면서 숨을 다 내뱉었다면 서서히 숨을 들이마시면서 왼팔을 내리고, 순간적으로 몸의 힘을 빼서 편안한 자세를 취합니다. 그리고 숨을 계속 들이마시면서 오른팔로 이동합니다.

좌우 3회씩 훈련해 보세요.

(B) 옆으로 늘이기

이번에는 옆으로 늘이는 동작입니다.

몸을 좌우로 천천히 흔들다가 숨을 들이마시면서 오른팔을 천천히 들어 올립니다.**[그림 4-2a]**

그대로 옆쪽으로 뻗으면서 숨을 내뱉습니다.**[그림 4-2b]**

이때 늘어나는 곳은 왼쪽 옆구리입니다. 목에서도 힘을 빼고 목을 오른쪽으로 눕힙니다. 이렇게 하면 왼쪽 옆구리가 더 늘어납니다.**[그림 4-2c]**

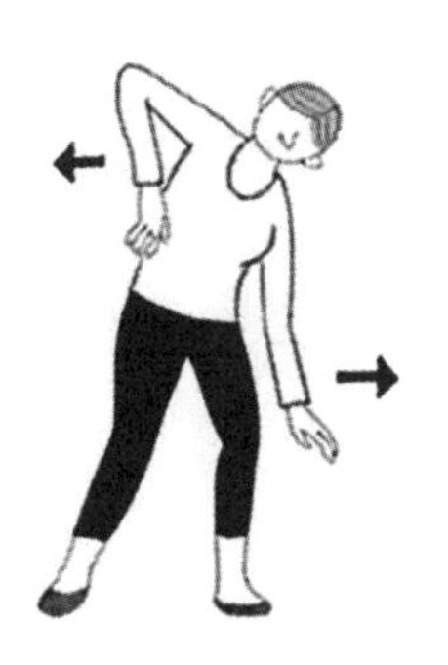

[그림 4-2]

(a) 몸을 좌우로 흔들다가 오른팔을 천천히 들어 올린다.

(b) 숨을 내뱉으며 오른팔을 옆으로 뻗는다.

(c) 왼쪽 옆구리를 늘인다.

(d) 왼쪽 팔꿈치를 굽히면서
조금씩 들어 올린다.

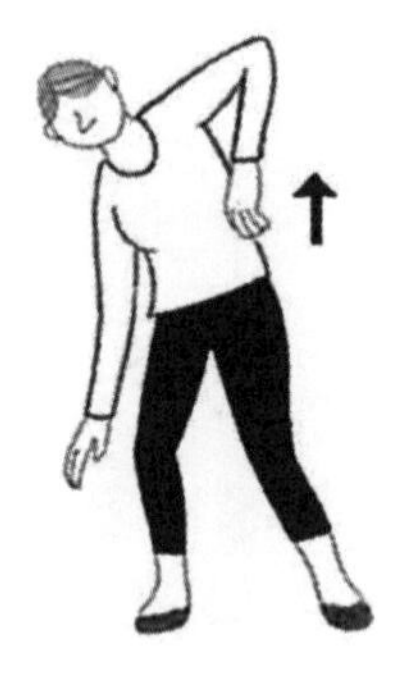

(e) 숨을 마시면서 왼팔을 들어 올린다.

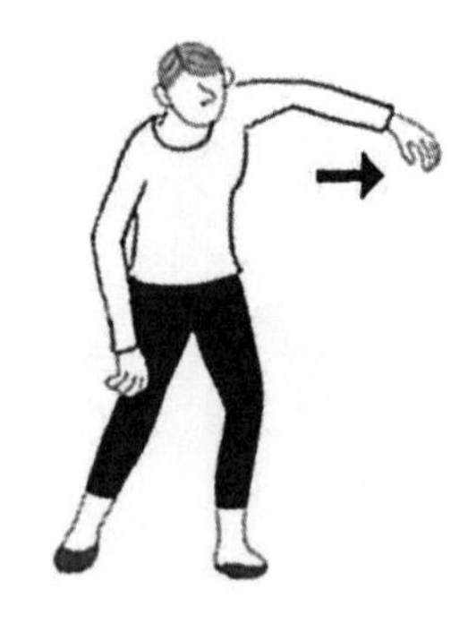

(f) 왼팔을 천천히 뻗는다.

(g) 왼팔을 쭉 펴면서 숨을 내뱉는다.

오른팔을 쭉 늘이면 왼팔은 자연히 조금 올라가는 느낌이 들겠죠. 왼쪽 팔꿈치를 굽히면서 조금씩 들어 올리면 왼쪽 옆구리가 더 많이 늘어납니다.**[그림 4-2d]**

숨을 완전히 내뱉었다면 이번에는 숨을 들이마시면서 왼팔을 들어 올려 무게중심을 이동시킵니다.**[그림 4-2e]**

무게중심을 왼쪽으로 옮기면서 왼팔을 옆으로 천천히 펴기 시작합니다.**[그림 4-2f]**

그대로 왼팔을 쭉 펴면서 숨을 내뱉습니다. 목은 왼쪽으로 젖힙니다. 그러면 오른쪽 옆구리가 쭉 펴집니다.**[그림 4-2g]**

옆으로 뻗을 때도 위로 늘일 때와 마찬가지로 검지, 중지, 약지 세 손가락이 당겨지는 이미지를 그립니다.(당겨지는 이미지 대신 날숨과 함께 세 손가락에서 에너지가 뻗어 나가는 이미지를 떠올려도 좋습니다. 각자 편한 대로 상상하면 됩니다.) 팔을 뻗으면서 옆구리가 늘어나는 감각을 음미해 보세요.

좌우 3회씩 훈련합니다.

(C) 앞으로 늘이기

이번에는 팔꿈치와 무릎을 자연스럽게 구부리고 상체를 숙인 자세로 오른팔을 들어 올려 앞으로 서서히 뻗는 동작입니다. 이 동작은 오른쪽 옆구리에서 오른쪽 등까지 늘이는 스트레칭입니다.

얼굴은 자연스럽게 아래를 향합니다. 오른팔은 자유형을 할 때처럼 가볍게 앞으로 나간다고 생각하세요.**[그림 4-3a·b]**

오른팔을 늘이면서 숨을 내뱉습니다.**[그림 4-3c]** 오른팔이 뻗어 있을 때는 오른쪽 무릎을 가볍게 굽히면 좋습니다. 왼쪽 다리는 굽히지 않고 펴는데, 그렇다고 힘을 주어

[그림 4-3]
(a) 서서히 오른팔을 올리며　(b) 숨을 들이마셨다가　(c) 팔을 뻗으면서 내뱉는다.

버텨서는 안 됩니다.

숨을 다 내뱉었다면 왼팔을 들어 올리면서 숨을 들이마십니다. 동시에 오른팔은 내립니다.**[그림 4-3d·e]**

왼팔을 뻗으면서 숨을 뱉습니다.**[그림 4-3f]**

앞에서 한 동작들과 마찬가지로 검지, 중지, 약지 세 손가락이 뻗어 나가는 이미지를 그려 봅니다.

3회 반복합니다.

(d) 왼팔을 서서히 올리면서 오른팔을 내린다. (e) 숨을 마시면서 왼팔을 계속 들어 올리고 (f) 뻗으면서 숨을 내뱉는다.

▲ **주의사항**

Ⓐ 어떤 점을 유의해야 할까요?

우선 **위로 늘이기** 동작을 오른팔만 한 번 해 보세요. 숨을 뱉으면서 오른팔을 쭉 늘인 다음, 왼팔로 가지 말고 일단 멈춥니다. 이제 양손을 내리고 오른쪽 옆구리의 느낌을 확인해 보세요.

오른쪽 옆구리가 늘어났다는 느낌이 드나요?

제대로 늘어났다면 오른쪽 옆구리를 중심으로 근육이 풀린 기분이 듭니다.

그렇게 느꼈다면 이 훈련이 효과를 본 것입니다. 몸에

[그림 4-4] 오른쪽 옆구리를 늘인 채로 S음 훈련을 한다.

민감한 사람은 오른쪽 옆구리가 늘어나니까 왼쪽 옆구리가 굳은 것 같아 불쾌감을 느끼기도 합니다. 그것도 좋은 느낌입니다. 이제 왼팔을 뻗어서 왼쪽 옆구리를 늘여 풀어주면 됩니다.

Ⓑ 옆구리가 늘어나는 느낌을 잘 모르겠어요.

그런 경우에는 **[그림 4-4]** 같은 자세를 취해 보세요. 몸을 오른쪽(또는 왼쪽)으로 비스듬히 기울이고 그대로 **S음 훈련**을 세 번 해 봅니다.

도중에 몸을 일으키지 말고 기울인 상태에서 세 번입니다. 코로 천천히 숨을 들이마시고, S음을 내면서 숨을 내뱉습니다.

세 번을 하고 나면 그대로 상체를 일으켜 똑바로 섭니다. 왼쪽(왼쪽으로 기울인 사람이라면 오른쪽) 옆구리가 벌어지는 감각에 놀랄 것입니다.

닫혀 있던 몸이 한쪽 옆구리를 사용함으로써 열린 거죠. 그 감각을 음미하세요.

방금 흉곽을 풀어 주는 훈련을 했습니다. 이번에는 목과 가슴, 어깨의 긴장을 빼는 훈련입니다. 발성을 하려면 목, 가슴, 어깨에서 쓸데없는 힘을 빼야 한다는 사실은 이제 잘 아실 겁니다.

다리를 어깨너비로 벌리고 서서 오른팔을 어깨 높이로 들어 올립니다.**[그림 5-1a]**

그대로 팔에서 힘을 빼고 내리면서 흔들어 줍니다.**[그림 5-1b]** 이때 상체를 앞으로 숙이지 않도록 주의하세요. 팔은 몸에서 멀어지지 않도록, 가슴과 배 부근을 지나가는 느낌으로 흔들어 줍니다.

오른손을 오른쪽으로 뻗을 때는 오른발에 체중을 실었다가, 스윙하면서 왼발로 체중을 이동시킵니다.**[그림 5-1c]**

[그림 5-1]

(a) 팔을 어깨 높이만큼 올렸다가

(b) 힘을 빼고 내리면서 흔들고

(c) 가볍게 힘을 주어 올린다.

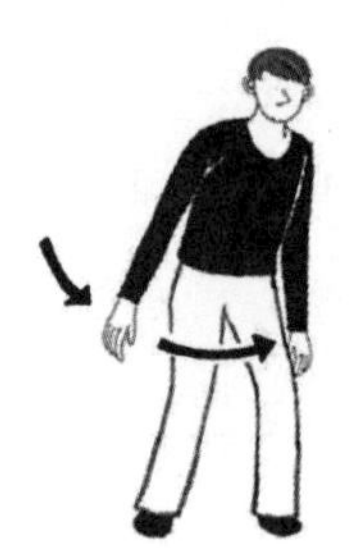

[그림 5-2]

(a) 팔을 어깨보다 높이 올린 후

(b) 편하게 팔 힘을 빼면서 내리고

(c) 가볍게 휘두르듯 올린다.

그대로 다시 **[그림 5-1a]** 상태로 돌아가도록 스윙합니다. 이 왕복을 반복합니다. 손은 천장을 향하는 것이 아니라 벽에서 벽으로 간다는 생각으로 흔들어 줍니다.

10회 왕복한 다음 고개를 어깨 쪽으로 기울이고 팔을 들어 올립니다. 이번에는 목에서 힘을 빼고 팔 스윙에 맞춰 편안하게 고개를 돌립니다.**[그림 5-2a·b·c]** 마찬가지로 열 번쯤 왕복하면 좋습니다.

팔을 머리 위로 올린다는 생각으로 되도록이면 앞으로 기울지 않게, 몸도 앞으로 기울지 않도록 주의하세요. 팔이 제자리에 돌아오도록 스윙하는 것은 앞의 동작과 마찬가지입니다.

오른팔 스윙을 마쳤으면 몸 오른쪽 감각을 느껴 보세요. 힘을 완전히 빼고 스윙했다면 오른쪽 어깨와 가슴과 목, 즉 오른쪽 상반신이 풀릴 겁니다. 그 감각을 실감하기 바랍니다. 시원하다는 느낌이 들면 제대로 한 것입니다.

왼팔까지 하고 나면 양팔을 동시에 스윙합니다.**[그림 5-3a·b·c]**

양팔이 몸 앞에서 흐느적거리지 않도록 합니다. 몸 바로 앞을 지나 그대로 몸 위에 얹듯이 손을 스윙하면 어깨에서 옆구리까지 스트레칭이 될 겁니다. 그 감각을 즐기기 바

[그림 5-3]
(a) 양팔을 편안하게 내리고 (b) 몸 앞을 스치듯 지나 (c) 다시 편안하게 올려 준다.

랍니다.

몸의 무게중심은 한 번 스윙할 때마다 팔이 움직이는 방향으로 이동시켜 줍니다. 너무 빠르게 흔들지 않아도 됩니다. 즐겁게, 천천히 흔들어 주세요.

기준은 10회 왕복입니다. 5회만 해도 괜찮지만 격렬한 운동이 아니므로 10회도 쉽게 할 수 있을 겁니다. 10회쯤 하면 상반신이 쫙 풀립니다.

이 훈련에서 가장 중요한 부분을 설명하겠습니다.

스윙하는 팔은 **팔의 무게**와 **필요한 최소한의 힘**만으로 움직여야 합니다. 다시 말해 쓸데없이 힘을 주어서 팔을 흔드는 것이 아닙니다. 가령 오른팔을 흔들 때 처음에는 뻗은 오른팔이 떨어지는 무게만으로 스윙을 시작합니다.[**그림 5-1b**] 절대로 힘주어 흔들지 마세요. 그러면 근육이나 몸을 풀어 줄 수가 없습니다. 늘어뜨려진 오른팔이 그대로 몸 앞을 지나 왼쪽으로 살짝 왔을 때 아주 조금만 힘을 주어 왼쪽으로 휘둘러 올립니다.[**그림 5-1c**] 그런 다음 또 힘을 빼면 왼쪽에서 오른쪽으로 스윙하게 되겠지요. 그렇게 되풀이해 줍니다.

오른팔 힘이 빠지면 왼쪽으로 스윙하기 위한 힘은 필요 없어집니다. 오른팔이라는 추는 자기가 알아서 떨어집니다.

그 감각을 실감하는 훈련이 바로 **팔 힘 빼기 훈련**입니다. 스윙 훈련을 하기 전에 반드시 이 훈련을 해서 힘을 빼는 감각을 알도록 합니다.

(A) 팔 힘 빼기 훈련

2인 1조로 마주 보고 섭니다.

B는 A의 양 팔꿈치 아래를 붙잡습니다.[**그림 5-4a**]

A의 팔이 B의 팔 위에 얹히는 느낌입니다. A는 힘을

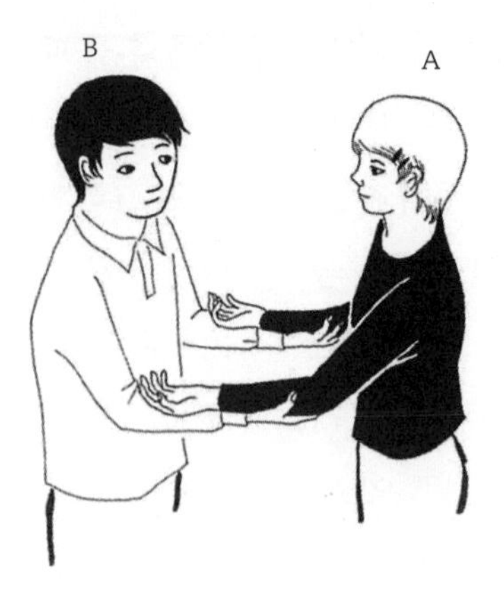

[그림 5-4]

(a) B는 A의 팔꿈치 아래를 붙잡는다.

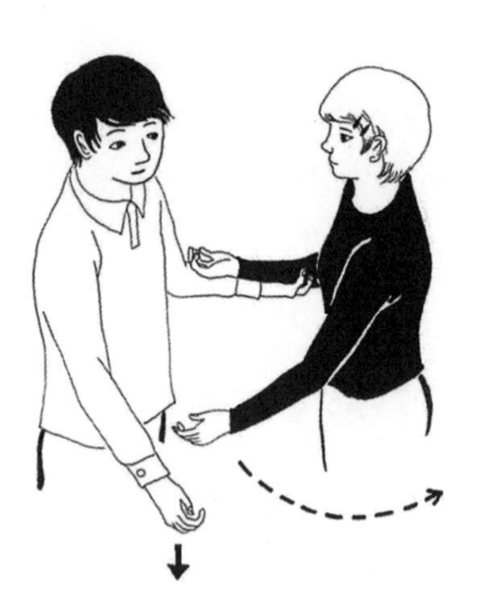

(b) B가 손을 뗀다. 그러면 A의 팔이 점선처럼 움직일 것이다.

빼고 B에게 팔을 맡기세요. 팔에서 완전히 힘을 빼 줍니다.

아마 처음에는 A의 팔 무게가 별로 느껴지지 않을 겁니다. 팔에 긴장이 남아 있어서 A가 무의식적으로 스스로 팔을 지탱하고 있을 가능성이 큽니다.

팔 무게가 느껴지지 않는다면 B는 A의 팔꿈치를 붙잡은 채 가볍게 흔들어 줍니다. 잘하고 있다면 흔드는 동안 점점 A의 팔이 무거워질 겁니다. A의 팔에서 힘이 빠진 결과입니다.

B는 됐다 싶은 순간 한쪽 손을 순간적으로 툭 놓습니다.**[그림 5-4b]**

이론적으로는, B가 내려놓은 A의 팔은 힘을 빼고 있으므로 시계추처럼 옆구리 옆을 왔다 갔다 하다가 자연스레 멈출 것입니다.

그런데 해 보면 알겠지만 이때 너무 힘을 빼려고 생각하면 부자연스럽게 팔이 흔들리다가 이내 멈추고 맙니다. 극단적인 경우에는 파트너가 팔을 툭 놓아도 팔이 공중에 떠 있기도 합니다. 전혀 힘을 빼지 못했다는 얘기지요. 그런 사람은 순간 공중에 멈춘 팔을 자신의 '의지'로 시계추처럼 흔듭니다. 그게 바로 힘이 풀리지 않은(쓸데없는 힘이 들어가 있는) 팔입니다.

잘 안 된다고 너무 심각해질 필요는 없습니다. 다른 팔도 해 보고, 그다음에는 서로 역할을 바꾸어서 해 보세요.

잘 안 되는 사람도 있을 겁니다. 앞에서도 말했지만 몸의 긴장이 지속되는 사람은 이 훈련에서 몹시 고생합니다. 책임감이 강한 사람이나 뭐든 열심히 하는 사람일수록 힘들어하는 경향이 있습니다. 단번에 힘을 빼겠다고는 생각하지 마세요. 천천히 천천히 시간을 들여야 합니다. 몇 년이 걸릴 수도 있습니다. 괜찮습니다. 몇 년에 걸쳐 계속 애써 온 몸에서 쉽게 힘이 빠질 리는 없지요.

또 하나, 힘을 못 뺀다고 해서 의식을 우주로 날려 보내서는 안 됩니다.

때때로 '아, 너무 신경 쓰다 보니 힘을 못 빼는 거야!'라는 생각에 어떻게든 다른 생각을 하려는 사람이 있습니다. 구구단이라든가 지하철역 이름을 계속 외우면서 이 훈련을 하기도 하죠. 그런 경우 일시적으로 힘이 빠질 수는 있습니다.(상대방에게 맡긴 팔을 일시적으로 잊기 때문에 힘이 빠지는 거죠.) 하지만 그렇게 해서는 이 훈련을 하는 의미가 없습니다.

이 훈련의 목적은 **힘이 빠졌는지를 스스로 느끼는 것**입니다. 실제로 힘을 빼지 못했더라도 '힘이 안 빠져'라고 스스로 느끼는 것이 중요합니다. 느낀다면 언젠가는 힘을 뺄 수 있습니다. 그것이 '버릇'을 없애는 방법입니다.

하지만 의식을 우주로 보내서 구구단이나 상관없는 일을 떠올린다면 자신이 힘을 뺐는지 어땠는지 모른 채로 훈련을 끝내게 됩니다. 일시적으로 힘을 뺐다 해도 헛일이 되는 거죠. 팔에 의식을 집중하면서 힘을 뺀 감각과 저절로 힘이 들어가는 감각을 실감해 보세요. '지금 팔에 쓸데없는 힘이 들어갔다'고 느껴졌다면 훌륭합니다. 결국은 힘을 뺄 수 있게 될 겁니다.

또한 양팔 가운데 어느 팔이 더욱 힘을 빼기 쉬운지 발견하기도 합니다.

이제 힘이 빠지는 감각을 떠올리면서 오른팔로 **양팔 스윙 훈련**을 시작해 봅시다.

거듭하다 보면 이윽고 오른팔을 팔의 무게에 맡기고 스윙할 수 있게 됩니다. 오른팔을 왼쪽으로 가져갈 때는 아주 조금만 힘을 줘도 됩니다. 다시 한 번 말하지만, 오른팔은 추가 되어 흔들리고 있으므로 조금만 힘을 주면 왼쪽으로 올라갑니다. 그러면 또 힘을 뺍니다. 이제 오른팔은 팔 자체의 무게로 오른쪽으로 흔들리겠죠. 그리고 약간만 힘을 줘도 오른쪽으로 올라갑니다. 이 움직임이 반복됩니다.

▲ **주의사항**

Ⓐ 다른 힘 빼기 훈련은 없나요?

연극인 다케우치 도시하루 씨의 훈련 가운데 훌륭한 것이 있습니다. 저는 워크숍에서 무의식적으로 너무 힘이 들어가 있는 참가자에게 이 훈련을 사용합니다. 앞에서 했던 **팔 힘 빼기 훈련**보다 극적으로 긴장이 보입니다.

2인 1조 훈련입니다. 훈련자 A는 바닥에 똑바로 눕습니다.

파트너 B는 누워 있는 A의 오른쪽에 앉습니다. 그리고 A의 팔꿈치에서 손끝을 들어 올립니다.(바닥에 닿아 있는 팔꿈치를 받침점으로 삼으세요.)**[그림 5-5]**

A는 팔꿈치부터 손끝까지 힘을 뺍니다. B는 우선 A의 손가락에 힘이 빠졌는지 확인합니다. 한 손으로는 A의 팔을 들고, 다른 한 손으로는 A의 손가락을 뿌리 부분부터 가볍게 털어 봅니다. 힘이 빠져 있다면 손가락은 두둥실 움직였다가 원래대로 돌아갈 겁니다.

그다음 B는 A의 팔꿈치를 세우고 자기 손을 쓱 뺍니다. 이때 A의 팔에 힘이 빠져 있다면 이론적으로는 팔이 바닥으로 털썩 떨어질 겁니다. 바닥에 부딪히지 않도록 A의

[그림 5-5] A는 팔꿈치부터 손가락까지 힘을 뺀다.

팔을 꼭 붙잡아 주세요.

하지만 대부분은 그렇게 되지 않습니다. B가 손을 떼도 A의 팔은 직립해 있습니다. 다음 순간 A는 깜짝 놀라 팔을 떨어뜨리거나, 천천히 바닥으로 내려놓습니다.

팔이 추가 되어 흔들리는 **팔 힘 빼기 훈련**은 조금 어려운 힘 빼기 동작이지만, 이 훈련법은 바닥에 툭 떨어지는지 아닌지만 보면 되므로 단순하고 확실합니다. '힘을 빼려고 마음먹어도 빠지지 않는다'는 발견을 더욱 강렬하게 체험할 수 있지요.

힘을 빼지 못해도 초조해할 것 없습니다. B는 오른손

으로는 A의 손목을, 왼손으로는 A의 팔꿈치 아래쪽을 붙잡고 가볍게 흔들어 줍니다. 아기 어르듯 하면 될 겁니다. 그리고 다시 한 번 팔꿈치부터 손가락까지 힘이 빠졌는지 시험해 보세요.

그다음에는 왼쪽으로 돌아가 왼손을 시험해 봅니다. 이때 B가 왼손을 잡기만 했는데도 A 스스로 왼손을 쓱 들어 올리기도 합니다. 책임감이나 향상심이 강한 사람에게 많이 나타나는 현상입니다.

이어지는 훈련이 더 있지만, 저는 이 첫 부분만을 곧잘 이용한답니다.

ⓑ 힘을 빼는 것이 목적인가요?

아닙니다. **지금 내 몸에 쓸데없는 힘을 주고 있는지 아닌지를 자각하려는 목적**입니다.

힘을 빼는 것은 자각을 위한 한 단계입니다.

힘을 빼는 감각을 음미하다 보면 **양팔 스윙 훈련**을 하면서 필요 최소한의 힘으로 스윙할 수 있게 됩니다.

주변을 둘러보세요. 팔에 힘을 잔뜩 주고 휘두르는 사람은 없나요? 몸에서 힘을 너무 뺀 나머지 목뿐 아니라 팔이나 배를 흐물흐물 움직이면서 스윙하는 사람은 없나요?

힘을 빼는 부분은 목과 팔뿐입니다. 가슴과 배는 필요한 만큼의 힘을 주어서 몸을 버텨야 합니다. 그럼으로써 결과적으로 가슴의 쓸데없는 긴장도 사라지게 됩니다.

Ⓒ 아무리 애써도 힘이 안 빠집니다.

거듭 말하지만 조바심은 금물입니다. 힘을 못 빼는 감각을 느끼면 됩니다. 20년 걸려 긴장한 몸은 20년 걸려 힘이 빠진다는 생각으로 훈련에 임하기 바랍니다.

팔을 흔들면서 조금씩 쓸데없는 힘을 빼 나간다고 생각하세요. 조급할 필요는 전혀 없습니다.

이번에는 골반의 불필요한 긴장을 없애는 세 가지 훈련을 소개합니다. 골반에서 긴장을 털어 내면 척추와의 결합이 좋아집니다. 그러면 척추가 제대로 몸을 떠받치게 되므로 몸에서 쓸데없는 긴장을 없앨 수 있습니다.

매번 세 가지를 다 하지 않아도 됩니다. 변화를 주어 가며 즐겁게 훈련하세요.

(A) 서서 골반 풀기

일어선 자세로 먼저 골반을 부드럽게 양옆으로 움직여 줍니다. 발은 어깨너비보다 조금 넓게 벌립니다. 구령을 붙이지 말고 자신만의 속도로 움직입니다.

다음으로 골반을 앞뒤로 움직여 줍니다. 부드럽게, 천

천히 움직이세요.

다음은 원을 그립니다. 오른쪽으로 돌리고, 왼쪽으로 돌려 줍니다.

다음은 8자를 그립니다.

골반만을 의식하고 가슴이나 어깨, 목에 들어간 힘은 뺍니다. 움직이는 것은 오로지 골반뿐입니다.

그렇다고 재즈댄스를 연습할 때처럼 엄격하게 '어깨를 움직이면 안 돼!' 하고 생각할 필요는 없습니다. 그러다가 어깨나 가슴이 긴장하면 의미가 없습니다. 조금은 움직여도 괜찮으니 의식을 골반에 집중하세요.

골반 주변 근육이 풀리면서 문득 허리가 가뿐해진 느낌이 들 것입니다.(허리가 아픈 사람은 무리하지 마세요. 무리 없이 잘 되는 것 같아도 일단 천천히 부드럽게 움직입니다.)

(B) 양팔 벌리기

등에서 힘을 빼면서 살짝 둥글게 말고, 손은 편안하게 몸 앞으로 뻗습니다. 골반 아랫부분이 앞으로 나오고 윗부분은 뒤로 조금 들어간 상태입니다.**[그림 6-1a]**

[그림 6-1]

(a) 등에서 힘을 뺀다.

(b) 가슴을 벌리고 허리를 꺾는다.

[그림 6-2] 골반을 시계판이라고 상상하며 돌린다.

그대로 숨을 들이마시면서 양팔을 펼치고 가슴을 폅니다. 허리는 꺾인(골반 아랫부분이 뒤, 윗부분이 앞으로 나온) 상태입니다.**[그림 6-1b]**

이제 숨을 뱉으면서 **[그림 6-1a]** 자세로 돌아갑니다. 다 뱉으면 숨을 들이마시면서 **[그림 6-1b]** 자세를 취합니다.

골반의 움직임을 실감하면서 3회 반복합니다.

(C) 누워서 골반 풀기

세미스파인 자세로 눕습니다. 그리고 골반을 시계판이라고 상상해 보세요.**[그림 6-2]** 골반 위가 12시, 가장 아래가 6시, 좌우가 3시와 9시입니다.

누운 채로 골반을 돌려 줍니다.

12시, 3시, 6시, 9시, 숫자가 쓰여 있는 부분이 바닥에 닿는다고 상상하면서 일단 골반을 한 바퀴 돌려 주는 거죠.

이번에는 3시부터 9시 방향으로 돌립니다. 그다음에는 반대로 9시부터 3시 방향으로 돌려 주세요.

다음에는 골반의 6시 부분을 바닥에 대고 힘을 완전히 뺍니다. 그러면 골반의 12시 부분이 바닥에 닿을 겁니다. 이때 다른 부위, 이를테면 복근과 허벅지를 긴장시켜서는 안 됩니다.

이 동작을 조금씩 반복합니다.

반드시 골반만 움직여야 합니다. 6시 부분을 바닥에 댈 때만 힘을 주고, 12시 부분이 닿을 때는 힘을 빼야 합니다. 그 외에는 어디에도 힘이 들어가서는 안 됩니다.

처음에는 어렵게 느껴질 겁니다. 복근이나 가슴에 쓸데없는 힘이 들어가거나 허벅지가 긴장할 수도 있습니다.

하지만 곧 익숙해집니다. 이 훈련은 12시 상태를 만들기 위해 다시 힘을 주거나 빼는 것이 목적이 아니라 그저 힘을 빼기만 해도 12시 상태가 되는 것이 목적입니다.

골반에 실리는 쓸데없는 긴장이 사라지는 느낌을 실감하세요.

▲ 주의사항

● 골반의 올바른 자세를 모르겠어요.

여러분의 몸은 여러분만의 독자적인 것입니다. **[훈련 1]**부터 차근차근 해 나가다 보면 자연스러운 자세를 발견할 겁니다.

앞에서 말했듯이 일상에서 서 있는 모습을 촬영해 보면 자세를 확인할 수 있습니다. 골반이 앞이나 뒤로 심하게 꺾여 있는 상태라면 평소에 의식해서 골반을 똑바로 아래로 내리는 상상을 하기 바랍니다. 골반이 심하게 꺾이지 않았다면 골반, 등, 목의 조합을 확인하는 것으로 충분합니다.

주변 사람을 관찰하는 것도 효과적입니다. 골반의 각도가 극단적인 사람이 아마 한 사람은 있을 겁니다. 그 사람과 내 자세의 차이를 느껴 보세요.

IX
골반저에 관하여

⊙

골반저, 낯선 단어일 수 있습니다. 골반저는 좌골과 좌골 사이, 치골과 미골 사이를 연결하는 근육군입니다. 영어로는 pelvic floor(골반의 바닥)라고 부르지요.

즉 골반 내부에 있는 근육을 모두 합쳐 **골반저**라고 합니다.**[그림 IX-1]**

이런 설명을 하는 데는 이유가 있습니다.

목소리 단련 편에서 횡격막을 내려서 내장을 내리는 것이 '복식호흡'이라고 설명한 바 있지요. 이때 내려간 내장 아랫부분은 어떤 상태일지 궁금하지 않습니까?

내려간 내장은 무엇에 닿아 있을까요? 뼈처럼 단단한 것? 아니면 무언가 부드러운 것에 닿아 있는 상태일까요?

횡격막에 눌린 내장은 바로 이 골반저에 닿아 있습니다. 골반저가 유연하면 내장은 밑으로 더 내려갈 수 있습니

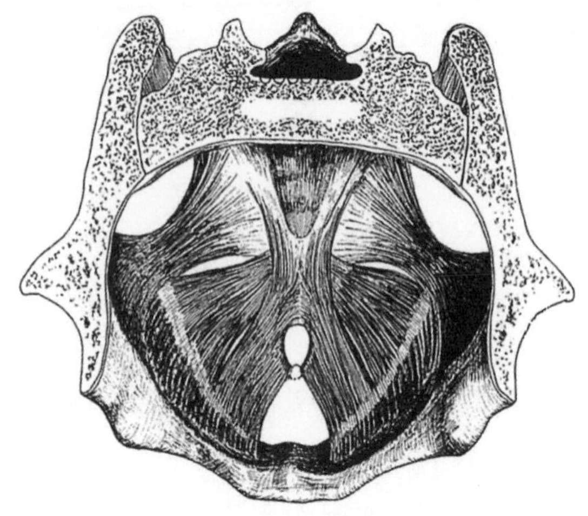

[그림 IX-1]

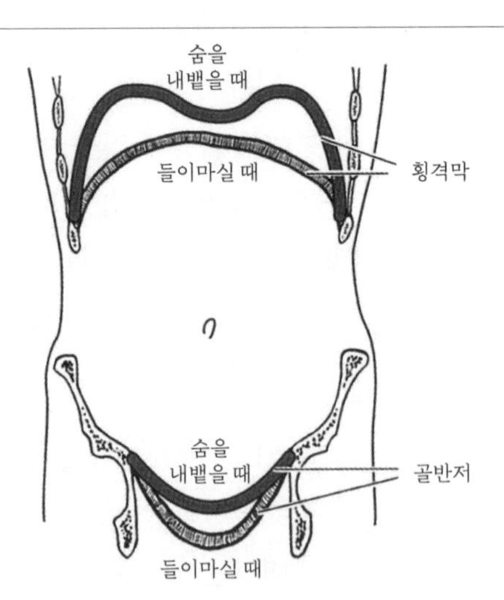

[그림 IX-2]

Barbara Conable, Benjamin Conable, 『What Every Musician Needs to Know About the Body-The Application of Body Mapping to Music』

다. 반대로 골반저가 긴장되어 단단하면 내장은 거기서 멈추죠. 횡격막이 아무리 내장을 밀어 내리려 해도 내려가지 않습니다.

그러므로 횡격막 운동과 골반저 운동, 이 두 가지를 함께 해야 비로소 복식호흡이 이루어집니다.**[그림 IX-2]**

따라서 골반저를 풀어 주어야 하는데, 골반저는 골반 안에 있는 근육군이므로 직접 풀어 줄 방법이 지금은 없습니다.(이렇게 말한 이유는 연구를 통해 간단한 방법을 곧 찾을지도 모른다는 말입니다.)

간접적으로 푸는 방법은 앞서 했던 **골반 훈련**과 지금부터 설명할 **양다리 스윙 훈련**입니다. 허리나 허벅지 근육이나 고관절을 풀어 줌으로써 간접적으로 골반저의 근육군도 풀린다는 원리입니다. 허리나 허벅지 근육, 고관절이 뻣뻣하면 골반저도 긴장되어 있을 가능성이 높다는 발상에서 나온 훈련이죠.

또한 **골반저에서 힘을 빼야겠다고 상상하는 것**만으로도 효과적이라고 합니다.

근육 운동을 할 때는 무턱대고 하지 말고 '구체적인 근육을 떠올리며 제대로 운동해야 한다'고들 하죠. 그러면 그 부분의 근육이 발달하기 쉬워진다고요.

마찬가지입니다. 우리 몸은 머릿속으로 어떻게 상상하느냐에 따라 꽤 달라집니다.(세미스파인 자세가 특히 효과적입니다. 골반저를 떠올리기 쉬운 자세인 데다 전신이 풀어지므로 골반저도 풀기 쉽기 때문입니다. 세미스파인 자세로 깊게 복식호흡을 하면서 골반저가 부드럽게 움직이는 이미지를 머릿속에 떠올려 보세요.)

오늘부터 여러분의 골반저를 그려 보세요. 그리고 골반저를 부드럽게 풀어 준다고 상상해 보세요.

원리는 **양팔 스윙 훈련**과 같은데, 다리 힘 빼는 것을 실감하는 훈련입니다.

(A) 다리 힘 빼기 훈련

이 훈련은 혼자서도 할 수 있습니다.

벽 옆에 서서, 한 손으로 벽을 짚고 벽에서 떨어진 쪽 다리를 올립니다. 다른 손으로 그 다리의 허벅지 아래를 감싸 지탱합니다. 감싼 다리에서 힘을 뺍니다.**[그림 7-1]**

균형을 잡고 서 있는 다리는 필요한 만큼 힘을 주어 쭉 뻗고 섭니다. 몸을 앞으로 기울이거나 뒤로 젖혀서는 안 됩니다. 똑바로 서 있기 위해서 벽을 짚고 몸을 지탱하는 것입니다.

[그림 7-1] 편안하게 몸을 버틴다.

한 발로 서 있기는 하지만 서는 방법 자체는 **[훈련 3] 척추 훈련**과 마찬가지입니다. 백회를 투명한 실로 당긴다는 느낌으로 척추를 자연스럽게 폅니다.

그런 다음, 다리를 붙들고 있는 손을 뗍니다. 이론적으로는 다리가 시계추처럼 흔들리다가 멈춥니다. **양팔 스윙 훈련** 때와 똑같은 원리입니다.

하지만 손을 뗀 순간 갑자기 바닥에 '턱' 하고 발(특히 뒤꿈치 부분)을 부딪치는 사람이 있습니다. 꽤 위험합니다.

그 위험을 피하려면 서 있는 쪽 발에는 신발을 신고, 올리는 발은 맨발로 하면 됩니다. 그래도 불안하다면 두꺼운 책이나 벽돌을 놓고 서면 떨어지는 다리가 바닥에 부딪히지 않을 겁니다.

사실 서 있는 다리는 제대로 펴고 있고 다른 쪽 다리에서는 제대로 힘을 뺐다면 이렇게 높이 차를 주지 않더라도 다리를 시계추처럼 흔들 수 있습니다. 다리가 추의 작용을 할 만큼 힘이 빠지면 적당히 굽어지기에 바닥에 부딪히지 않습니다. 발끝과 발바닥이 바닥에 스칠 수는 있지만, 복사뼈 관절도 힘을 빼고 있으므로 바닥에 세게 부딪힐 일은 없을 겁니다. 그렇지만 처음 할 때 불안하다면 높이 차를 두고 하면 됩니다.

도저히 한쪽 다리에서 힘이 빠지지 않을 때는 짝을 이루어 훈련하세요. 파트너가 훈련자 옆에 서서 양손을 허벅지 아래에 넣고 다리를 붙잡아 줍니다. 붙잡은 다리를 흔들다가 힘이 빠졌다는 생각이 들면 손을 뗍니다.

힘이 빠진 감각을 확인하고 나면 혼자서 해 보세요.

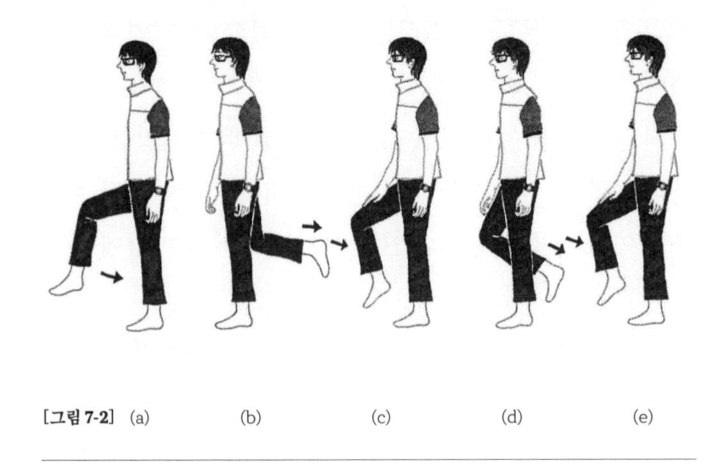

[그림 7-2] (a) (b) (c) (d) (e)

이제 **양다리 스윙 훈련**입니다.

한쪽 다리로 섭니다. 가능하면 벽에 손을 대지 않습니다. 다른 한쪽 다리를 들고 그대로 힘을 뺍니다.**[그림 7-2a]**

다리가 시계추처럼 흔들릴 겁니다.**[그림 7-2b]**

다리가 흔들리며 뒤로 갔다가 앞으로 돌아왔을 때 허벅지 부분을 손으로 가볍게 누릅니다.**[그림 7-2c]** 반동을 주기 위해서이므로 아주 적은 힘이면 됩니다.

그대로 다리가 흔들려 뒤로 가겠죠.**[그림 7-2d]**

다리가 앞으로 돌아오면 똑같은 동작을 반복합니다.**[그림 7-2e]**

이렇게 한쪽 다리를 10-20회 흔들어 주면 됩니다. 몸은 어느 곳도 긴장하지 않아야 합니다. 균형을 잡으려고 등이나 어깨나 팔에 힘을 주기도 하는데, 어디에도 괜한 힘이 들어가서는 안 됩니다. 서 있는 한쪽 다리도 쓸데없이 긴장하지 않도록 하세요.

필요한 만큼의 힘으로 양다리를 흔들 수 있게 되면 고관절과 허벅지, 장딴지 근육이 풀립니다. 그러면서 **골반저** 근육군도 간접적으로 풀리게 됩니다.

▲ 주의사항

● 자꾸만 균형을 잃게 됩니다.

익숙해지기 전까지는 좀 어려운 훈련입니다. 균형을 잡고 하려면 적당히 힘을 주고 힘을 뺄 수 있어야 합니다. 한쪽 다리에는 필요한 힘이 제대로 들어가야 하고, 어깨나 가슴, 고관절 등에서는 확실히 힘을 빼야만 균형을 잡을 수 있습니다.

또한 서 있는 다리에 너무 힘을 주면 그 긴장이 흔드는 다리에도 전해지고 맙니다.

도저히 균형을 잡을 수 없거나 저도 모르게 몸에 힘이 들어간다면 한쪽 손으로 벽을 짚거나 무언가를 잡고 하세요. 2-3주간 훈련을 지속하면서 고관절이나 허리 근육을 유연하게 하는 감각을 파악해야 합니다. 이제는 괜찮다고 느껴지면 기대거나 붙잡지 말고 한쪽 다리로 서서 하세요.

다리에 힘을 빼고 확실히 시계추처럼 움직여야 한다는 점을 기억하세요.

다른 사람을 관찰해 보면 무게가 아니라 힘으로 다리를 흔드는 사람도 있고, 몸 여기저기에 힘을 주면서 흔드는 사람도 있을 겁니다.

하지만 익숙해지면 서서히 힘이 빠질 겁니다.

그렇게 힘이 빠진 상태로 한쪽 다리를 10-20회 흔들고 나서 **고관절** 부근이 풀어지는 느낌이 났다면 제대로 효과를 본 것입니다.

어깨와 등에서 힘을 뺍니다.

다리를 어깨너비보다 약간 넓게 벌리고 서서 양팔을 좌우로 벌립니다.**[그림 8-1a·c]**

무릎을 굽히면서 양팔을 힘을 빼서 등 뒤로 떨어뜨립니다.**[그림 8-1b·d]**

양팔을 떨어뜨릴 때 무릎을 굽히고, 반동으로 손이 올라갈 때는 무릎을 펴는 식으로 리듬을 만듭니다. 무릎을 완전히 펴지는 않습니다. 리듬을 타면서 반복합니다.

등 뒤로 떨어지는 양팔은 손바닥이 아니라 손등이 만나야 합니다. 실제로 양쪽 손등이 부딪쳐도 상관없습니다. 직접 해 보면 알겠지만, 손바닥이 만날 때는 등이나 어깨가 충분히 펴지지 않습니다. 손등이 만나면 어깨와 등이 풀어집니다.**[그림 8-1b]**

(a) 팔 힘을 빼고 떨어뜨린다.

(b) 손등이 만나야 한다.

(c) 무릎을 쫙 펴지 않는다.

(d) 리듬을 타면서 무릎을 굽혔다 편다.

[그림 8-1]

골반을 앞이나 뒤로 젖히지 말고 그대로 아래로 내리는 동작입니다. 무릎을 굽힐 때 골반을 앞으로 내밀거나 뒤로 꺾지 말고 손의 무게에만 의지하세요. 손을 떨어뜨리면서 숨을 내뱉고, 손이 반동으로 올라갈 때 숨을 들이마십니다. 어깨가 풀어지고 등이 펴지는 감각을 즐길 수 있을 겁니다.

▲ 주의사항

● 왜 이 훈련을 하나요?

다리 벌리기, 상체 앞으로 숙이기, 아킬레스건 늘이기, 몸 비틀기 등등 대표적인 스트레칭은 아마 다들 이미 하고 계실 겁니다.

하지만 발성을 위해 어깨와 등의 긴장 자체를 없애는 스트레칭을 하는 경우는 거의 없을 듯한데요, **팔 뒤로 스윙**이 바로 그런 훈련입니다. 등을 펴면서 목과 무릎을 풀어주고 골반의 위치도 확인할 수 있는 효율적인 훈련이죠.

지금 바로 목소리를 내야 하는데 시간이 없을 때 훈련하는 방법도 알려 드리겠습니다.

[그림 8-2] 양팔로 몸을 감싸 안고 쭈그려 앉는다.

(A) 감싸 안기

양팔을 교차시키면서 등 뒤로 돌려 견갑골 부분에 양손을 올립니다. 그대로 쭈그려 앉습니다. 등이 펴지는 느낌이 들 겁니다.**[그림 8-2]**

등의 긴장을 풀어 주는 간단한 방법입니다.

(B) 돌리기

팔을 돌립니다. 소프트볼 투수가 언더핸드스로로 던

지다가 그대로 팔을 돌리는 느낌이랄까요? 이렇게 하면 목과 어깨의 긴장이 사라집니다.

한 팔씩 여러 번 빙글빙글 돌려 줍니다. 힘을 너무 주면 안 된다는 사실은 잘 아시겠지요.

언더핸드스로 동작을 시작할 때 한 번 힘이 들어가고, 그 팔이 그대로 올라가서 어깨를 넘어가면 팔의 무게만으로 뒤로 떨어집니다. 반동 때문에 앞으로 온 팔이 위로 올라갈 텐데, 이때 아주 조금만 힘을 주어 어깨 뒤로 넘어가게만 하면 됩니다.

감싸 안기와 **돌리기**는 시간이 없을 때 효과적인 훈련입니다. 준비 운동할 시간이 없는데 '장시간 말해야 할 때'나 '어깨나 등이 뭉친 느낌이 들 때'에 가볍게 해 주면 도움이 됩니다.

가르치는 일을 한다면 강의실에 들어가기 직전에 **감싸 안기**로 등을 열고 **돌리기**로 목의 긴장을 풀어 주세요.

[**훈련 3**] **척추 훈련**을 더욱 발전시킨 훈련으로, [**그림 3-2·3·4·5**](244-246쪽) 네 가지 자세를 기본으로 합니다.(**척추 훈련**에서는 끊어지지 않고 이어지는 동작이지만, **척추 바운드 훈련**에서는 각각의 자세에 주목합니다.) 아래 순서대로 훈련해 보세요.

1

똑바로 섭니다. 자연스럽게 선 자세는 **척추 훈련**에서 했던 설명을 확인하세요.

선 채로 8초 동안 무릎을 튕깁니다. 골반이 앞으로 튀어나오거나 뒤로 꺾이거나 하지 않고 똑바로 아래로 내려가야 합니다.

'하나, 둘, 셋~' 하고 세면서 무릎을 튕겨 줍니다. 온몸

에서 힘을 적절히 빼 주고, 팔도 같이 자연스럽게 튕깁니다.**[그림 9-1a]**

2

이제 목에서 힘을 빼고 8초 동안 튕깁니다. 무릎의 튕김이 목으로도 전해져서 같이 튕길 겁니다.**[그림 9-1b]**

3

다음 8초는 상체를 **약간** 숙인 상태로 튕깁니다. 역시 무릎을 굽히고, 손에 힘이 들어가지 않도록 합니다.**[그림 9-1c]**

4

다음 8초는 상체를 **더욱 깊이** 숙인 채로 튕깁니다. 상체를 쓰는 것이 아니라 역시 무릎을 굽혀서 몸을 튕기는 것입니다.**[그림 9-1d]**

5

다음 8초는 상체에서 **완전히 힘을 빼고** 튕겨 줍니다.(가능하면 항문이 천장을 바라보는 느낌으로요.) 마찬

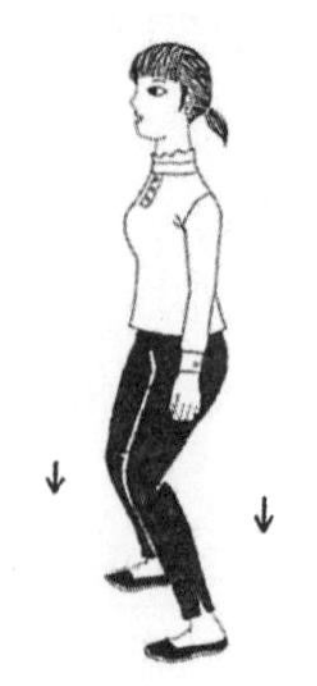

(a) 무릎을 튕긴다.

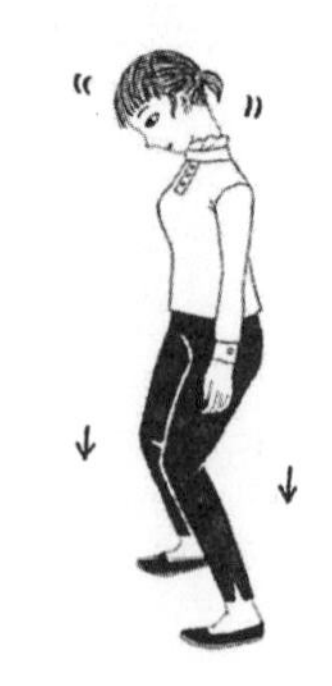

(b) 목 힘을 빼고 튕긴다.

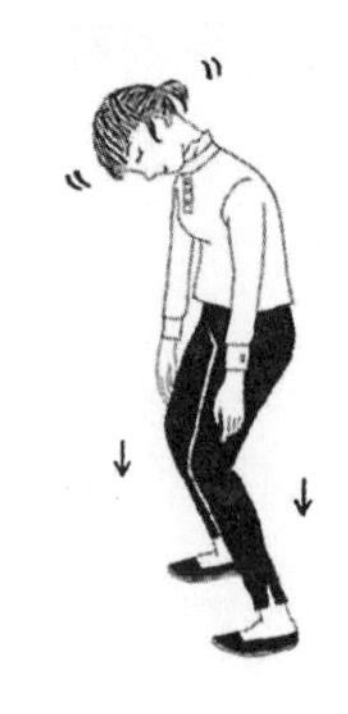

(c) 상체를 숙이고 튕긴다.

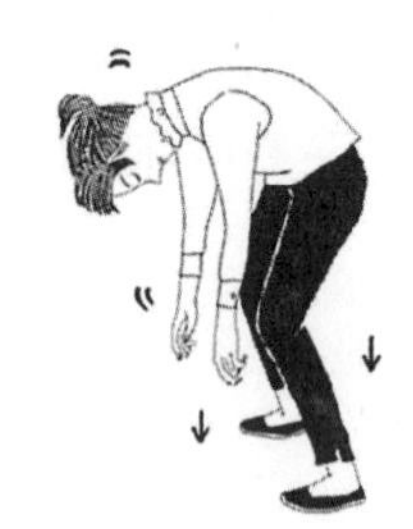

(d) 더욱 깊이
숙이고 튕긴다.

(e) 상체 힘을 완전히
빼고 튕긴다.

(f) 힘을 뺀 채로
흔든다.

(g) 힘을 뺀 채로 숨을
들이마신다.

(h) 흔들면서
숨을 내쉰다.

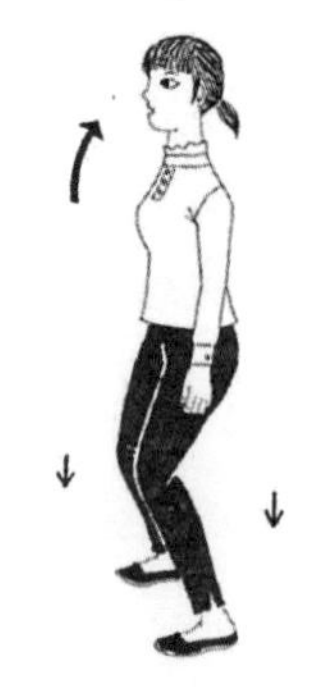

(i) 8초 동안 서서히
올라온다.

[그림 9-1]

가지로 허리나 등을 들어 올려 튕기는 것이 아니라 무릎으로 튕깁니다. 힘을 빼고 있으므로 목과 팔과 몸통도 무릎과 함께 튕길 것입니다.**[그림 9-1e]**

6

다음 8초는 완전히 힘을 뺀 자세를 유지한 채로 상체를 마구 흔들어 줍니다. 역시 몸통에 힘을 주는 것이 아니라 무릎만 튕깁니다. 무릎을 크게 튕겨서 다양한 방향으로 상체를 흔들어 주세요. 약간의 힘만으로 몸이 흔들릴 겁니다. 실이 끊긴 마리오네트 인형처럼 흔들리게 해 보세요.**[그림 9-1f]**

7

흔들기가 끝나면 그대로 숨을 깊이 들이마십니다. 상체 힘은 여전히 뺀 상태입니다. 숨을 배 아래 단전에 넣는다고 상상하며 깊이 들이마시면 상체가 조금 들어 올려질 겁니다. 그대로 '아~' 소리를 내면서 무릎으로 튕겨서 몸을 흔들어 줍니다. 이렇게 하면 목이 열립니다. 상체에서 힘을 뺀 채 '아~' 소리를 냈을 때의 목 상태를 확실히 자각하고, 몸으로 기억해 두세요.**[그림 9-1g·h]**

8

8초 동안 천천히 몸을 일으킵니다. 쓸데없는 힘을 주지 말고 필요한 만큼의 힘만으로 일어납니다.**[그림 9-1i]**

▲ 주의사항

Ⓐ 이 훈련의 목적은 무엇인가요?

척추 훈련에서 했던 척추를 느끼고 효율적으로 힘을 빼는 훈련입니다. **척추 훈련**을 확실히 하면서 **척추 바운드 훈련**까지 같이 하려면 시간이 많이 걸립니다. 몸에서 좀처럼 힘이 빠지지 않을 때는 매번 **척추 훈련**과 **척추 바운드 훈련**을 할 필요가 있지만, **척추 훈련**을 자각할 수 있게 되었다면 **척추 바운드 훈련**만 매번 하는 편이 더 효율적입니다.

Ⓑ 몇 번 정도 하나요?

각자 몸 상태에 맞춰서 2–5회쯤 하면 됩니다.

Ⓒ 왜 8초인가요?

8초는 어디까지나 기준입니다. 16초든 4초든 상관없습니다. 단 흔들기가 끝나고 '아~' 소리를 낼 때는 본인의 페이스대로 하세요. 익숙해지면 8초, 4초, 2초, 이런 식으로 진행해 보세요.

8초 두 번, 4초 두 번, 2초 두 번, 이렇게 하는 방법도 괜찮습니다. 단, **척추 훈련**을 제대로 하고 쉽게 힘을 뺄 수 있게 되고 나서부터 그렇게 해야 합니다. 허리가 좋지 않다면 절대로 하지 마세요. 꼭 명심하세요.

상반신 전체의 긴장을 풀어 주는 훈련입니다.

다리를 어깨너비로 벌리고 서서 양팔을 만세 부르듯 위로 쳐듭니다.

그 자세 그대로 상체를 앞으로 살짝 숙입니다. 그다음 갑자기 상체 힘을 뺍니다.**[그림 10-1a]** 상반신 무게로 허리 부분부터 앞으로 숙어지겠죠. 그 움직임으로 스윙을 시작합니다.**[그림 10-1b]** 힘을 빼서 몸이 떨어지는 순간에 숨을 단숨에 내뱉습니다.

양팔은 그대로 돌려서 뒤쪽으로 뺍니다.**[그림 10-1c]**

이때 목이나 손에 힘이 들어가지 않도록 합니다. 상체가 떨어지고 나면 목과 팔이 연달아 떨어질 겁니다. 떨어질 때 목에서 자연스럽게 힘이 빠졌다면 고개가 약간 뒤로 꺾여 있을 겁니다.

[그림 10-1]

(a) 몸을 살짝 숙이고 힘을 뺀다.

(b) 상반신이 떨어지면 팔도 떨어진다.

(c) 팔은 시계추처럼 흔들려 뒤로 간다.

반동으로 손은 다시 앞쪽으로 올라갑니다.**[그림 10-1d]** 여기까지가 스윙 1회입니다. 훈련할 때 무릎에 힘을 주어 버티고 서지 않도록 합니다. 스윙할 때마다 무릎을 부드럽게 튕겨 주세요.

목에서도 힘이 빠질 테니 스윙할 때마다 자연스럽게 앞뒤로 흔들릴 겁니다.

처음에는 한 번 할 때마다 선 자세로 돌아가는 편이 쉬울 겁니다. 일어서면서 숨을 들이마시고, 만세 자세로 일어서서 무릎을 한 번 구부립니다. 가볍게 튕기는 느낌으로요.**[그림 10-1e]**

(d) 반동으로 팔이 올라간다. (e) 무릎을 한 번 튕기고 (f) 다시 스윙을 시작한다.

그리고 또다시 스윙을 시작합니다.**[그림 10-1f]**

익숙해지면 선 자세로 돌아가지 말고 2-3회씩 이어서 스윙을 해 줍니다.

스윙할 때는 앞으로 숙인 상체에 힘을 살짝 주어 들어 올린다는 그림을 떠올리기 바랍니다.(이때 힘은 아주 조금만 줍니다. 반동으로 상체가 올라올 때 그대로 약간만 힘을 주면 다시 스윙이 이어집니다. 양팔도 반동을 통해 되돌아오므로 아주 조금의 힘만으로도 스윙이 가능합니다.) 더불어 등도 유연하게 만든다고 생각하면 좋겠죠. 힘이 빠지면 등은 자연스럽게 유연해질 겁니다.

두 번 스윙하고 한 번 일어나서 무릎을 구부리고, 이런 패턴이 좋습니다.

▲ 주의사항

● 몇 번 해야 하나요?

이 훈련은 상당히 어려운 훈련입니다. 갑자기 하려면 잘 안 될 겁니다. 상체 힘을 제대로 빼려면 첫 훈련인 **긴장 훈련**부터 꼼꼼히 시작해야 합니다.

팔 힘을 완전히 빼지 않은 채 이 동작을 하면 양팔이 뻣뻣한 채로 훈련하는 셈이 됩니다. 또한 **척추 바운드 훈련**을 제대로 하지 않으면 허리에서 힘을 빼는 감각을 익히지 못할 겁니다.

그러므로 처음에는 한두 번만 해 봐도 상관없습니다. 제대로 되지 않은 채로 몇 번이고 해 봐야 소용없으니까요. 제대로 힘을 빼지 않으면 허리가 아플 수도 있습니다.

훈련 초기부터 여기까지 올 필요는 없습니다. 일단 **척추 바운드 훈련**까지 되풀이하다가, 상태를 봐서 **상체 스윙 훈련**으로 나아가세요. 횟수는 기분 좋다고 느끼는 만큼 하면 됩니다. 무리하지 말고 5-10회 정도 해 보세요.

다리를 어깨너비보다 조금 넓게 벌리고 서서 두 팔을 좌우로 뻗습니다.**[그림 11-1a]**

그대로 상체를 앞으로 숙입니다. 숙일 때 무릎 힘을 순간적으로 빼고 숨을 내뱉습니다.**[그림 11-1b]**

동시에 양팔에서 힘을 빼면 자연스레 몸 앞으로 떨어집니다.**[그림 11-1c]** 그대로 양손이 바닥에 부드럽게 스치겠지요.**[그림 11-1d]**

목 힘을 빼는 것도 잊지 말고, 그대로 무릎을 튕겨서 반동으로 일어납니다.**[그림 11-1e]**

이 훈련도 처음에는 한 번만 합니다. 한 번 하고 나서 양팔을 벌리고 선 자세로 돌아갑니다.**[그림 11-1f]** 몸을 일으킬 때 숨을 들이마시면서 무릎을 튕기면 쉽게 올라갑니다.

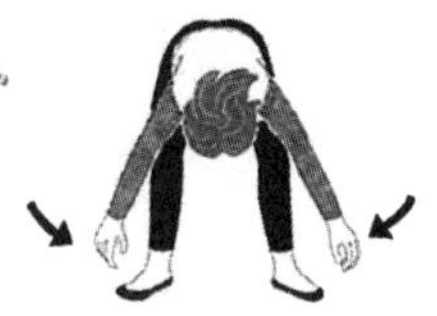

(a) 편안하게 서서
팔을 뻗는다.

(b) 상체 힘을 뺀다.

(c) 양팔에서도 자연스레
힘을 뺀다.

(d) 손가락이 바닥을 스친다.

(e) 무릎을 튕겨서

(f) 반동으로 일어선다.

(g) 무릎을 튕겨서

(h) 다시 한 번 반복한다.

(i) 골반을 젖힌다.

[그림 11-1]

몸을 다 일으켰다면 무릎을 한 번 튕기면서 양팔을 몸 앞에서 교차합니다.**[그림 11-1g]**

그다음 또다시 상체 힘을 빼고 앞에서 한 동작을 반복합니다.**[그림 11-1h]** 몸통, 목, 양팔이 차례로 떨어지는 느낌입니다.

익숙해지면 두 번 되풀이하고 일어납니다.

두 번 하고 올라왔다면 이번에는 **[훈련 6] 골반 훈련**에서 했던 **양팔 벌리기** 자세를 취합니다.**[그림 11-1i]**

무릎에서 힘을 빼고 몸을 쫙 펍니다. 골반 위쪽은 앞으로, 골반 아래쪽은 뒤로 밀어서 조금 젖힙니다. 가슴도 펴고 공간을 느끼도록 하세요.

이렇게 한 번 근육을 풀고 나서, 다시 한 번 **상체 와이드 스윙** 동작을 합니다.

▲ 주의사항

● 몇 번 하면 **되나**요?

5–10회를 기준으로 기분 좋다고 느끼는 만큼 하면 됩니다.

이번 훈련은 **상체 스윙 훈련**이 잘 되고 나면 진행하세요. 좀 더 어려운 동작입니다.

이 훈련은 상반신 전체의 힘을 효과적으로 빼는 훈련입니다. 이 동작이 잘 되면 척추가 유연해지므로 등 근육의 긴장도 없앨 수 있습니다. 뒤집어 말하면, 등을 긴장시킨 채 이 훈련을 하는 것은 의미가 없습니다.

균형을 잃지 않으려고 양다리에 너무 힘을 주어서도 안 됩니다.

스윙을 한 번 할 때마다 무릎을 튕겨 주세요. 손가락 끝은 바닥을 부드럽게 쓰다듬는 느낌입니다.

제대로 했다면 스윙할 때의 가뿐함과 몸을 일으킬 때 상체가 풀어지는 시원함이 동시에 느껴질 겁니다.

고양이 등 훈련

[훈련 4] 사이드 스트레칭부터 **[훈련 11] 상체 와이드 스윙 훈련**까지는 매번 하는 기본 훈련이고, 이번에 소개하는 **고양이 등 훈련**은 등의 긴장이 심할 때 해 주면 됩니다.

두 팔로 땅을 짚고 엎드립니다. 일단 등을 똑바로 편다고 생각하세요. 이 상태로 깊이 호흡하면 배가 부풀어 오르는 것이 충분히 느껴집니다.**[그림 12-1]** 그래서 복식호흡 훈련으로 이 자세로 호흡하기를 권하기도 합니다.

이때 어깨를 확실히 집어넣어야 합니다.**[그림 12-2a]** 힘을 뺀 나머지 어깨가 올라가서 고개를 움츠리듯 바닥에 손을 짚지 않도록 주의하세요.**[그림 12-2b]**

그 자세에서 숨을 들이마시면서 등을 쭉 들어 올립니다. 볼록렌즈처럼 볼록하게 올라간 이미지를 그려 보세요. 머리는 자연스럽게 아래를 향합니다.**[그림 12-3a]**

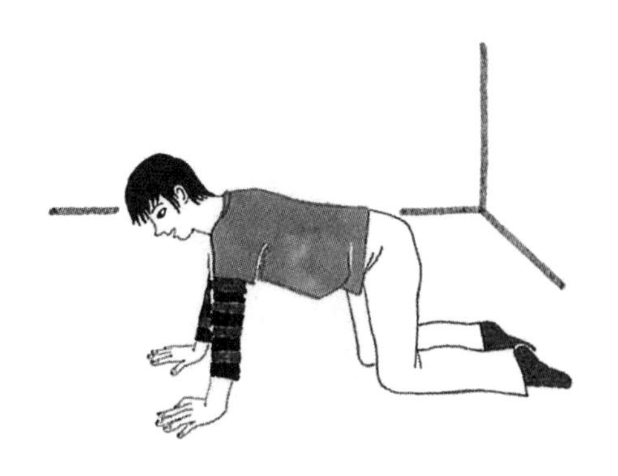

[그림 12-1] 등을 자연스럽게 펴고 엎드린다.

[그림 12-2]

(a) 어깨를 넣은 모습

(b) 어깨를 뺀 모습

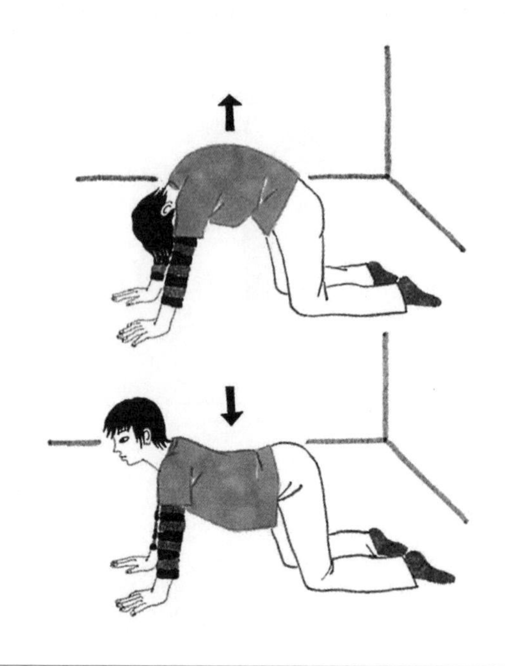

[그림 12-3]

(a) 볼록렌즈처럼 등을 들어 올린다.

(b) 오목렌즈처럼 등을 내린다.

이번에는 숨을 내쉬면서 등을 내려 줍니다. 등이 오목렌즈처럼 들어가는 이미지입니다. 머리는 자연스럽게 올라갈 겁니다.**[그림 12-3b]**

몇 번 하고 나면 이번에는 호흡을 반대로 합니다. 볼록할 때 내쉬고, 오목할 때 들이마십니다.

다음에는 엎드린 채로 등을 돌립니다.

먼저 오른쪽으로 돌려 보세요. 천천히 돌리면서 등을

볼록렌즈에서 오목렌즈로 변환시킵니다. 천천히 2-3회 돌려 줍니다.

이때 호흡은 어떤가요?

등이 볼록할 때와 오목할 때, 언제 숨을 들이마시나요? 어느 쪽인지 자각했다면 이번에는 의식적으로 호흡을 반대로 해 보세요. 등이 오목할 때 들이마셨다면 이번에는 볼록할 때 들이마셔 보세요.

이번에는 왼쪽으로 돌립니다. 마찬가지로 호흡도 일단 자연스럽게 한 다음, 반대로 해 봅니다.

▲ 주의사항

억지로 힘을 주어 등을 누르지 말고, 호흡과 함께 부드럽게 움직여야 합니다. 처음에는 유연하게 움직이지 않을지도 모르지만, 괜찮습니다. 몇 번 하다 보면 등이 풀립니다.

행진 스윙 훈련은 [**훈련 5] 양팔 스윙 훈련**의 다른 버전으로, 어깨나 가슴을 푸는 방법이 미묘하게 다릅니다.

다리를 앞뒤로 벌리고 섭니다. 먼저 오른쪽 다리를 앞, 왼쪽 다리를 뒤로 합니다. 그대로 왼팔을 앞, 오른팔을 뒤로 어깨 높이에서 쭉 뻗어 줍니다. 그런 다음 팔에서 힘을 빼면 그대로 양팔이 앞뒤로 스윙을 시작할 겁니다.**[그림 13-1a·b·c]**

한 번 스윙할 때마다 무릎을 튕겨 줍니다.

몸의 무게중심은 앞으로 내민 다리에 두세요.

오른쪽 팔이 앞으로 왔을 때는 몸이 왼쪽으로 편안하게 벌어질 겁니다. 고개도 그대로 왼쪽을 보고, 가슴도 왼쪽을 향합니다.

왼팔이 앞으로 오면 몸이 미묘하게 비틀어집니다. 이

[그림 13-1]

(a) 어깨 높이로 팔을 뻗는다.

(b) 팔에서 힘을 빼면 팔 무게로 스윙한다.

(c) 힘을 살짝 주어 팔을 올린다.

감각을 즐겨 보세요.

어느 정도 하다가 손을 내리고, 팔에 힘을 주어서 양팔을 그대로 한 바퀴 크게 돌립니다.**[그림 13-2]**

왼쪽 팔이 반동을 받아 돌아갈 겁니다. 처음에는 낯선 느낌일 수도 있지만 곧 익숙해집니다. 한 바퀴 돌릴 때마다 무릎을 튕겨 줍니다. 이때는 몸이 왼쪽을 보지 않고 정면을 향한 채로 합니다.

단, 머리는 절대로 앞으로 숙이거나 뒤로 젖히지 않습니다. 언제나 투명한 실이 백회를 가볍게 잡아당긴다고 상상하세요. 등도 구부리지 않습니다.

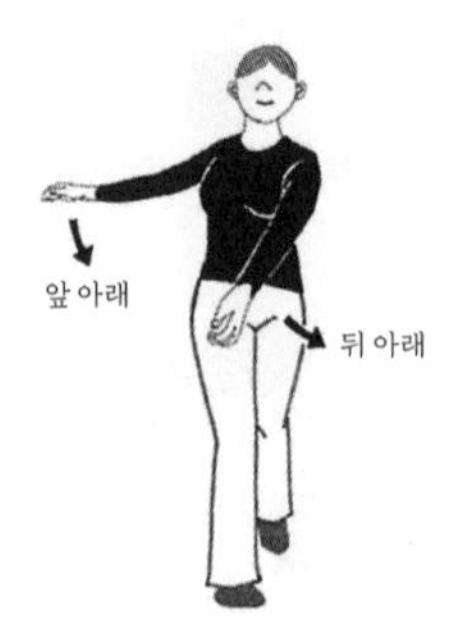

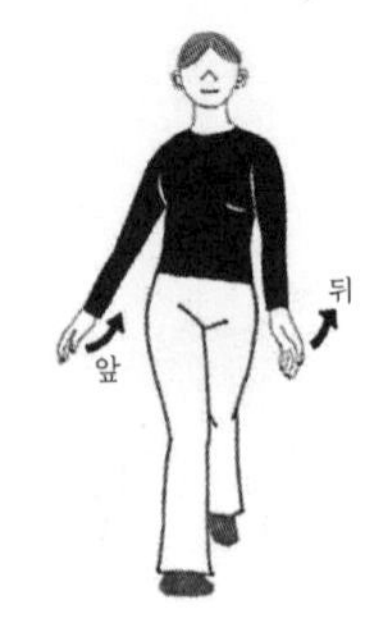

(a) 왼손을 아래로
오른손을 아래로

(b) 오른손은 앞으로
왼손은 뒤로

(c) 오른손 위로
왼손 위로

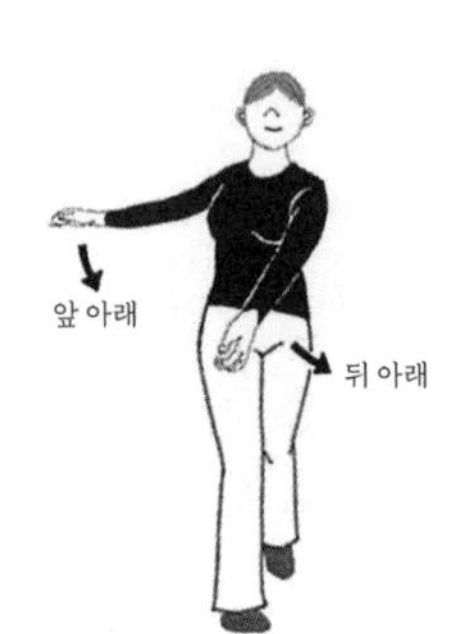

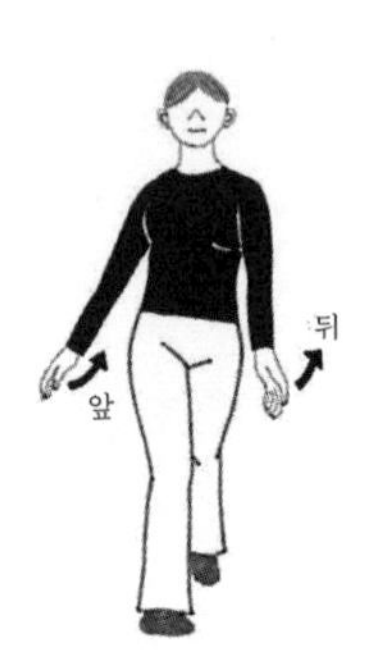

(d) 오른손은 뒤로
왼손은 앞으로

(e) 오른손을 아래로
왼손을 아래로

(f) 반복

[그림 13-2]

어느 정도 하고 나면 발을 바꿔 같은 동작을 반복합니다.

▲ 주의사항

몸을 앞으로 숙이거나 뒤로 꺾어서는 안 됩니다.

앞뒤로 흔드는 동작 8회, 한 바퀴 돌리는 동작 8회를 한 다음, 발을 바꾸어 다시 앞뒤로 흔드는 동작과 한 바퀴 돌리는 동작을 8회씩 하면 됩니다.

시간이 있을 때는 **[훈련 5] 양팔 스윙 훈련**을 하고 나서 꼭 해 주세요.

이름이 좀 희한하죠? 이 훈련은 골반저를 간접적으로 풀어 주는 훈련입니다.

세미스파인 자세로 눕습니다. 그대로 한쪽 다리를 쭉 뻗습니다.**[그림 14-1]**

힘을 주지 말고 고관절이 가볍게 늘어나는 느낌으로 쭉 펴 주면 됩니다.

양쪽을 번갈아 하고 나면 이번에는 양 무릎을 세운 채로 한쪽 다리를 바깥으로 젖힙니다.**[그림 14-2a]**

잠시 그 자세로 고관절을 풀어 준 다음, 젖힌 다리를 그대로 쭉 뻗어 줍니다.**[그림 14-2b]**

몇 번 반복한 뒤 반대쪽 다리를 합니다.

마지막으로 양다리를 모두 바깥쪽으로 젖혔다가 그대로 쭉쭉 늘여 줍니다.

[그림 14-1]

세미스파인 자세에서

한쪽 다리를 쭉 편다.

[그림 14-2]

(a) 세미스파인 자세에서

한쪽 다리를 바깥쪽으로 젖힌다.

(b) 젖힌 다리를 쭉 편다.

▲ 주의사항

이 훈련은 여럿이 함께 하기보다는 혼자서 자기 속도로 하는 훈련입니다.

다리를 뻗을 때 고관절과 그 안쪽이 부드럽게 풀어지는 느낌이 난다면 아주 잘하는 겁니다. 동작을 하면서 **골반저를 풀어 주고 있다**고 상상하는 것도 잊지 마세요.

X
순서에 관하여

⊙

여기까지가 신체 훈련 가운데 발성과 관련 있는 '편안한 몸'을 위한 훈련입니다.

[훈련 4] 사이드 스트레칭부터 **[훈련 11] 상체 와이드 스윙 훈련**까지 하는 데는 20-30분쯤 걸립니다.

[훈련 1] 긴장 훈련부터 **[훈련 14] 쭉쭉 훈련**까지 제대로 하면 한 시간쯤 걸립니다. 시간을 낼 수 있다면 괜찮지만, 한 시간이나 쓰기는 힘든 분이 많을 겁니다. 이런 부분을 고려해서 꼭 해야 하는 훈련은 **[훈련 4]**부터 **[훈련 11]**까지, 20-30분간으로 잡았습니다.

이 훈련을 하고 나서 복근 운동이나 윗몸일으키기와 같은 '근력 단련'은 하지 마세요. 풀어진 몸이 다시 긴장하기 때문입니다. 기초 체력 운동을 한 다음에 이 훈련을 하는 것이 좋습니다.

이상적인 훈련 순서는 다음과 같습니다.

우선 여러분의 '몸'이 요구하는 스트레칭을 한 다음, 마라톤이나 수영, 공놀이 등으로 몸을 풀어 줍니다.

그다음 윗몸일으키기나 복근 운동 같은 **기초 체력** 훈련으로 넘어갑니다. 이때 댄스 훈련 같은 **몸 바깥으로** 향하는 의식을 높이는 훈련을 하는 것도 좋겠군요. **평행 자세** 같은 신체 훈련도 좋고요.

발성을 위한 신체 훈련은 그다음에 하면 됩니다. 이 훈련으로 목, 가슴, 고개, 흉곽이 풀리면 **발성 훈련**으로 들어갑니다. 이때 **발성을 위한 신체 훈련**과 **발성 훈련** 사이에는 가벼운 휴식 외에 다른 것은 넣지 말기 바랍니다. 두 훈련을 이어서 하도록 하세요.

이 가운데 가장 중요한 훈련을 묻는다면 저는 망설임 없이 **발성을 위한 신체 훈련**이라고 대답합니다.

발성을 위한 신체 훈련은 몸을 풀고 편안한 상태로 만들기 위한 훈련입니다. 우리에게 필요한 몸은 바로 이런 편안한 몸입니다. 기초 체력 훈련만 해서 몸에 잔뜩 힘이 들어가 있으면 목소리에도 영향을 줍니다.

그러니 아무리 시간이 없더라도 **발성을 위한 신체 훈련** 만큼은 꼭 해야 합니다.

이 훈련을 꾸준히 해 나간다면 여러분의 몸은 풀리기 시작할 겁니다. 그렇게 여러분의 '몸'과 '목소리'는 반드시 바뀔 겁니다.

그 감각을 맛보고, 즐기기 바랍니다.

맺음말

훈련은 당신을 배신하지 않는다

이상으로『목소리와 몸의 교양』은 끝입니다.

제가 1년간 영국에서 지내며 느낀 점은 연극 훈련법이 공통의 재산이라는 사실입니다. 유럽은 땅이 좁아서 로마의 연출가가 훌륭한 훈련법을 만들면 몇 년 안에 유럽 전체로 퍼져 나갑니다. 그다음 러시아로 전해지고 또 미국으로 전해지지요. 물론 반대의 경우도 있고요. 그렇게 그 훈련법은 모두의 재산이 됩니다.

'발성'에 관한 훈련법은 활짝 열려 있어서 누구나 다

양한 방법을 가져다 쓸 수 있습니다. 멋대로 가져다 쓴다고 해서 화낼 사람도 없습니다.(물론 연출 기법이나 연기법, 극본 쓰는 법 등을 멋대로 도용해서는 안 됩니다. 예술 표절이니까요. 하지만 훈련법은 별개죠.)

그런데 일본은 도제 제도랄까, 스승에게서 제자로 전해지는 좁은 범위의 전달 방식밖에 없습니다. 얼마나 안타까운지요.

저는 『목소리와 몸의 교양』을 계속해서 업그레이드할 생각입니다. 앞으로도 계속 효율적이고 경제적이면서 효과적인 훈련법을 찾아 나갈 겁니다.

이 책을 통해 여러분이 가진 '목소리'와 '몸'을 자각하고 매력적으로 가꿔 나가기를 바랍니다. 그렇게 된다면 저는 더없이 기쁠 겁니다.

여러분의 목소리와 몸은 절대로 여러분을 배신하지 않습니다. 훈련을 거듭하면 할수록, 목소리와 몸은 매력 있게 변할 겁니다. 그것만큼은 틀림없습니다.

개정증보판을 내면서

『목소리와 몸의 교양』을 출간한 지 10년, 수많은 독자 덕분에 쇄를 거듭할 수 있었습니다.

지난 10년간, 이 책에 관한 다양한 질문을 이메일로 받아 보았습니다. 출간 10주년을 기념하여 많이 나온 질문을 책에도 소개하기로 했습니다.

단전 훈련에 관하여

Q 아무리 노력해도 '배(단전)로 버틴다'는 느낌이 안

들어요. 자기 전에 반드시 15분쯤, 배꼽에서 5센티미터쯤 아래를 가볍게 누르면서 S음 훈련을 하는데요. 의식해서 단전을 부풀리면 꼭 어깨나 목 근처에 힘이 들어가서 다음 날 목소리가 쉬더라고요. 몇 번이고 힘이 빠졌는지 확인하고 나서 훈련을 해도 어깨가 꼭 뭉쳐요. 허밍도 목 말고는 아무리 해도 울려 퍼지지 않습니다. 오래전부터 '어깨로 열심히 말하는 것 같은 목소리'라는 말을 들어 왔는데요, 답답하고 힘없는 목소리를 어떻게든 굵고 힘 있는 목소리로 바꾸고 싶습니다.

중요한 점 몇 가지를 알려 드리겠습니다. 우선 억지로 단전을 부풀리려고 해서는 안 됩니다.

'단전을 가장 높이 올리려고 명치를 움푹 들어가게 하거나 억지로 배를 솟아오르게 하려 해도 잘 안 된다'는 질문을 다른 분께도 많이 받았습니다.

단전 부분의 배가 가장 높이 솟는 것은 결과이지 목적이 아닙니다. 억지로 솟아오르게 하는 것은 부자연스럽고 불가능합니다. 몸에 무리한 부담이 가죠. 단전을 솟아오르게 하려면 횡격막과 골반저의 운동을 유연하게 하는 수밖에 없습니다. 딱 단전 부분만 올리려고 하면 몸에 무리하게 힘이 들어가서 어깨나 목이 상합니다.

횡격막의 움직임을 유연하게 만들려면 날마다 깊이 호흡하는 시간을 가져야 합니다. 그 결과 단전이 높아지는 겁니다.(그래도 단전을 가장 높이 올리기란 상당히 어려울 겁니다. 하루에 몇 시간씩 10년 이상 훈련을 지속한 사람들 가운데서도 몇 퍼센트 이하, 그러니까 올림픽에서 금메달을 딸 정도의 난이도라고 보면 됩니다. 가장 높이 올리는 것이 유일한 목적은 아닙니다. 너무 집착하지 마세요.)

그리고 절대로 조바심 내서는 안 됩니다.

'어깨로 열심히 말하는 것 같은 목소리'라고 하셨는데, 초조할 때 유난히 그런 목소리가 나오지 않나요?

평소에 어깨에 힘이 많이 들어가는 분인 듯한데 그렇다면 몸 단련 편에 나오는 **[훈련 5] 양팔 스윙 훈련**을 중심으로 어깨를 풀어 주세요.

허밍 훈련도 계속하세요. 약하더라도 목 말고 다른 네군데에서도 진동과 공명이 가능해지게끔 천천히 훈련하세요.

가령 20년 동안 만들어진 목소리라면, 최대 20년은

들여야 고칠 수 있다고 생각하세요. 20년 동안 만들어졌는데 반년이나 1년 만에 바뀐다고 생각하는 게 더 억지겠지요. 조바심이 가장 큰 적입니다.

그 밖에 앞으로 넘어지기, 벽 짚기 등으로 단전을 '느껴' 보세요. 어렴풋하게만 느껴져도 괜찮습니다.

별것 아니지만 이 방법이 가장 확실한 지름길입니다.

허밍 파트너 훈련에 관하여

Q 극단에서 나와 3년쯤 공백기를 가졌습니다. 지금은 내레이터와 성우를 목표로 공부하고 있습니다.
저는 멀리 있는 사람에게 말을 걸려고 하면 곧잘 목소리가 뒤집히는데요, 진성을 강하게 만들고 싶어요. 조언 부탁드립니다.

목소리가 뒤집히는 데는 정신적인 이유도 있습니다. 조바심이 나서 단전이 버텨 주지 못하고 목소리가 불안정해진 결과 뒤집히는 거죠. 아시다시피 조급함은 금물입니다.

기능적으로는 성대 및 주변 근육이 아직 그 목소리를

내는 형태로 길러지지 않은 것입니다. '멀리 있는 사람에게 말을 건다'면 아마 큰 목소리가 나오는 거겠죠? 그 목소리를 버틸 근육이 아직 충분치 않은 거죠. [**훈련 12**] **성대 마사지 훈련**에 나오는 '가성에서 진성으로 바뀌는 순간'의 목소리를 키우려 하면 불안정해지는 것과 같은 이치입니다.

괜찮습니다. 성대는 근육이므로 꾸준히 훈련하면 서서히 굵고 커다란 목소리를 버텨 줄 힘을 갖게 됩니다.

조바심 내지 말고 즐겁게, 꾸준히 훈련하세요.

목소리의 다섯 요소에 관하여

Q 저는 서비스업에 종사하는데 손님을 대할 때 중요한 것이 목소리라고 생각합니다. 그리고 목소리로 손님을 만족시키려면 어떻게 해야 할지를 고민하던 차에 이 책을 만났습니다.

'목소리의 다섯 요소'를 의식하려 노력하지만 좀처럼 쉽지 않습니다. 긴장할 때는 의식하는 것 자체를 잊어버리기도 하고, 장난치는 듯한 음색으로 이야기해도 좋은지 확신이 안 서서 늘 내던 안전한 목소리만 내게 됩니다.

어떻게 하면 여러 종류의 풍부한 목소리를 다양한 상황에서 낼 수 있을까요?

질문해 주셔서 감사합니다. 목소리의 다섯 요소를 업무에 어떻게든 적용하려 애쓰셨다는 말씀을 들으니 무척 기쁩니다.

이 요소를 향상시키는 방법은 기본적으로 '패션 감각을 갈고닦는 방법'과 마찬가지라고 생각하면 됩니다. 주변에 목소리가 풍부한 사람이 있을 겁니다. 그 사람이 목소리를 어떻게 쓰는지 유심히 들어 보세요.

멋쟁이와 길을 걷다 보면 그가 문득 "지금 저분, 재킷이랑 이너 코디 좋네요" 이런 말을 하곤 하죠. 멋쟁이는 멋쟁이의 옷차림을 유심히 보고 잘 발견하는 법이지요. 즉 멋쟁이를 발견할 수 있다면 자신도 멋쟁이가 될 수 있습니다.

목소리도 마찬가지입니다. 카페 안, 전철 안 그리고 TV에 나오는 사람의 목소리를 늘 의식하고 '아, 지금 목소리 크기를 바꿨네'라든가 '아, 방금 잠깐 사이를 둔 건 멋졌어' 하는 식으로 발견하는 사람이 되세요.

패션 감각과 마찬가지로 주의를 기울이다 보면 틀림

없이 알게 될 겁니다. 물론 당장은 아닙니다. 시간이 걸리겠지요.

그리고 다음 단계인 '시행착오'에 돌입하세요. 실제로 사서 입어 보지 않으면 패션 감각은 절대로 갈고닦을 수 없는 법. 그것도 엄청나게 실패한 다음에야 얻게 됩니다.

목소리도 똑같습니다. 다양한 목소리를 내 보세요. 분위기와 맞지 않기도 하고, 제대로 된 목소리가 나오지 않을 때도 있겠죠. 그러면서 실패를 처절하게 깨달을 수 있습니다. 그렇게 실패를 거듭함으로써 성공이 보이는 거랍니다.

부끄러움을 당하면서, 동시에 즐기면서 부디 다양한 목소리를 시도해 보세요. 그것이 목소리의 달인이 되는 왕도입니다.

성대를 누르는 목소리에 관하여

Q 저는 고등학교에서 연극부로 활동하고 있습니다. 지금 1학년인데 고등학교에 입학하고 나서 연극에 관심을 갖게 됐죠.

〔훈련 11〕 단전 장음 훈련에 '성대를 누르는 목소리'가 나오는데요. 성대를 누르지 않는 목소리는 구체적으

로 어떻게 하면 낼 수 있을까요? 또 '지금 내 목소리는 성대를 누르지 않고 있어' 하고 자각할 수 있는 방법이 있다면 알려 주세요.

고등학교 연극부로 활동하는 학생이군요. 마음껏 즐기기 바랍니다.

'성대를 누르는 목소리'라는 표현은 약간 오해를 줄 수 있겠군요. 물론 목소리는 성대를 쓰지 않으면 나오지 않습니다. '성대를 무리하게 억지로 누르며 내는 목소리'라는 표현이 더욱 정확하겠네요. 성대를 억지로, 심하게 누르며 내는 목소리는 귀에 무척 거슬립니다. 또 목소리를 낸 사람은 아무래도 목이 아프겠지요. 공명 장소가 목뿐이고 얼굴 전체를 울리지 않는, 목 주변에 힘이 들어간 느낌이 듭니다. 얼굴 전체나 코가 울린다면 목이 편합니다. 목이 울려도 성대를 억지로 누르지 않을 때는 아픈 느낌이 없습니다.

주위에 목소리는 큰데 어딘지 모르게 귀에 거슬리거나 목 아프겠다 싶은 목소리를 내는 사람이 있는지요? 반대로 목소리가 큰데도 목이 편해 보이고 목 주변에 전혀 힘이 들어가지 않는 듯한 사람은요? 귀를 기울이고 주변 목소리를 유심히 듣다 보면 차츰 깨닫게 될 겁니다. 다른 사람의 목소리가 어떤지 알아차리면 내 목소리가 어떤지도 알게 됩니다.

장음 훈련에 관하여

Q 저희 동아리에서는 발성 연습을 할 때 다 같이 장음 훈련을 한 다음 밖에 있던 스태프들에게 '누구 목소리가 들리고 누구 목소리가 들리지 않았는지' 매번 묻습니다.

저는 얼굴 전체가 공명의 중심이 되도록 의식하면서 목소리를 내지만 '잘 안 들린다'는 말을 듣곤 하는데요, 그래도 지도받을 때는 '목소리를 크게 하라'는 지적은 거의 받지 않습니다. 제가 남자 중에서도 타고난 목소리가 낮아서일까요? (타고난 목소리가 낮은 것과 공명하며 나오는 목소리가 낮은 것은 별개라고 생각하지만) 공명 위치가 얼굴보다 높은 사람일수록 '잘 들린다'는 말을 듣는 것 같습니다. 목소리를 동시에 냈을 때 '높은 목소리가 낮은 목소리보다 더 잘 전달된다(공명 위치가 높을수록 잘 전달된다)'는 것은 기분 탓

일까요? 그저 제 얼굴 전체의 공명이 부족한 것일까요?

모두 함께 목소리를 냈을 때 높은 목소리가 잘 들리는 것은 당연합니다.

악기로 상상해 보면 이해하기 쉽겠죠. 피아노를 치는데 모두가 중저음을 낼 때 혼자서 고음 건반을 누르면 그 소리는 무척 잘 들립니다.

웅성거리는 사람들 속에서도 목소리가 높은 사람의 말이 가장 귀에 잘 들어옵니다. 그러므로 여럿이 목소리를 내는데 자기 목소리가 잘 안 들린다고 해서 신경 쓸 필요는 없습니다.

역으로 인물이 다수 등장하는 장면에서 자기 대사를 관객에게 꼭 전달해야 할 때는(많은 사람이 지르는 고함 소리 속에서 '전쟁이 끝났어!'라고 전하는 상황 등) 목소리를 조금 높이는 테크닉도 있습니다.

참고로 원래 낮은 목소리는 공명 위치가 낮은 것(목부터 가슴까지)과 관계 있는 경우도 있고, 성대나 구강 형태와 관계가 있기도 합니다. 일률적으로 말할 수는 없습니다.

공명의 위치가 낮은 것이 무조건 나쁜 것도 아니고요.

얼굴 전체의 공명을 즐길 수 있게 되었다면, 이제 각 부위에서 공명하며 나오는 목소리를 편히 낼 수 있게 될 겁니다. 무척 멋진 일이겠죠?

여러 사람 앞에서 말할 때 긴장을 푸는 방법

Q 아무리 애써도 사람들 앞에 서면 머릿속이 새하얘져서 내가 어떻게 말하는지 자꾸만 의식하게 되고, 그러다 보면 무슨 말을 하려 했는지 잊고 맙니다. 긴장하지 말고 떨지 말자고 생각하면 할수록 초조해집니다. 학교에서 발표할 때마다 이 모양이라 수업 분위기가 깨져서 큰일입니다. 뭔가 방법이 있으면 꼭 가르쳐 주세요.

음, 기본적인 질문인데요, '목소리'와 '몸'의 견해에서 보자면 다음 세 가지가 시작입니다. (1)**의식적으로 목소리를 낮춰 봅니다.** (2)**늘 긴장하는 몸의 부위를 편안하게 하려고 애씁니다.** (3)**몸의 무게중심을 억지로 아래쪽(단전 주변)으로 내립니다.**

동시에 다음 세 가지도 중요합니다. (A)**잘하려고 하지 않습니다**. (B)**발표 목적에 집중합니다**. (C)**지금의 감각으로 이야기합니다**.

이는 연기의 기본적인 긴장과도 닮았습니다. 연기를 할 때 긴장하는 사람은 우선 '잘해야지' 하는 사람입니다. '실수해도 어쩔 수 없어', '잘 되면 좋고', '어떻게든 되겠지' 하고 마음을 편히 먹는 것이 무척 중요합니다.

아무리 명배우라도 무대에서 한 번쯤은 대사를 틀리기 마련입니다. 그때 '잘해야 하는데'라고 생각하면 곧바로 당황해 어쩔 줄 모르게 되죠. 하지만 '실수할 수도 있지'라고 생각하면 그저 한 번의 실수로 끝나고, 다음 일에는 영향을 주지 않습니다.

'잘해야지'라고 생각하면 할수록 한 번의 실수가 결정적인 타격이 됩니다. 그러니 무슨 말을 해야 할지 생각이 안 나면 심호흡을 한 번 하고 이렇게 생각해 보세요. '아, 한 번 실수했네. 뭐 그럴 수도 있지.'

(B)에서 '목적'이란 '잘해야지', '창피당하지 말아야지', '똑똑하다는 인상을 줘야지' 같은 목적이 아니라 발표 내용에 집중하는 것입니다.

연기할 때 당황하는 사람은 '멋지게 연기하고 싶다'든가 '잘하고 싶다', '창피당하지 말아야지' 하는 목적으로 연기합니다. 하지만 침착한 사람은 역할의 목적에 집중합니다. 역할의 목적이란 줄리엣이라면 '어떻게든 로미오와 이야기하고 싶어'라든가 '로미오를 만나고 싶어'처럼 한 장면 한 장면에서 구체적입니다. '로미오를 만나고 싶으니 어떻게 하면 좋을지 하느님께 물으러 가자'고 생각하고 연기하는 줄리엣은 절대로 당황하지 않습니다. 하지만 '잘해야지'라는 생각으로 연기하는 줄리엣은 실수 한 번에 금방 당황하고 말죠.

(C)에서 '지금의 감각'으로 이야기한다는 것은 발표 내용을 분명히 정하더라도 그 순서대로 복습하듯 반복해서는 안 된다는 것입니다. 이 또한 연기와 마찬가지입니다.

정해진 순서로 말하기 시작했는데 청중이 전혀 반응이 없습니다. 그래도 정해진 대로만 고집하다 보면 청중은 점점 멀어지고, 발표자는 패닉에 빠집니다.

연기에서도, 매번 하는 대사는 똑같다 해도 상대역의 컨디션이나 관객의 반응에 따라 말하는 방법이 미묘하게 달라집니다. 아니, 미묘하게 변화를 줄 수 있는 배우가 성공한다 할 수 있죠. 관객 반응이 어떻든, 상대역의 컨디션이 어떻든 간에 정해진 대로만 똑같이 반복하는 배우는 결과적으로 관객과의 소통에 실패한 셈입니다.

그래서 결론은, 누구나 발표할 때는 긴장해서 떱니다. 긴장하지 않고 떨지 않는 사람은 아무도 없을걸요.

중요한 것은 (1), (2), (3), (A), (B), (C)를 의식하면서 매번 경험하는 것입니다. 이 또한 연기와 마찬가지입니다. 연기를 잘하려면 일단 경험을 쌓아야 합니다. 많이 겪다 보면 반드시 늡니다. 지나치게 반성하지 말고 거침없이 도전하세요. 틀림없이 편해질 겁니다.

S음 훈련에 관하여

Q 저는 자산운용 전문가입니다. 아침부터 밤까지 거의 날마다 고객을 상대로 목소리를 사용하는 셈인데요, 얼마 전 이비인후과에서 성대결절이라는 진단을 받고 말았습니다.

결절이 나으면 보이스 트레이닝을 받아 올바른 발성 연습을 하라는 조언을 들었고, 교본을 찾다가 이 책을 만났습니다. 책을 읽고 제가 얼마나 오랫동안 성대에 부담이 가는 발성을 해 왔는지 깨달았죠.

의사는 결절을 고치려면 말을 하지 말아야 한다는데, 업무 성격상 그건 어려우니 일단은 되도록 성대에 부담이 적은 발성을 익히기로 했습니다. 지금 〔훈련 1〕 관찰 훈련과 〔훈련 2〕 S음 훈련까지를 한도로 정하고 한 달간 날마다 훈련하고 있는데요. 그걸로도 어느 정도 효과를 기대할 수 있을까요? 아니면 입술 훈련이나 얼굴 훈련도 추가로 병행하는 편이 나을까요?

성대 상태는 어떠세요?

일단 입술 훈련과 얼굴 훈련은 성대 상태와 아무런 관련이 없습니다. 그러므로 하든 안 하든 성대를 상하게 하지도 성대를 지켜 주지도 않습니다.

성대는 근육이므로 올바르게 훈련하면 강해지는데 이미 손상되었다니 큰일이네요.

[훈련 2] S음 훈련까지만 연습해도 지금 상태에 도움이 됩니다. 장차 성대가 회복되었을 때도 효과를 볼 수 있을 테고요. 성대가 손상되어 있는 상태라도 **[훈련 4] 사이드(백) 훈련**까지는 해도 됩니다. 깊은 숨을 담아 두는 방법

을 체득하면 무리하게 호흡하지 않아도 되니 꽤 편해질 겁니다.

일의 특성상 도저히 침묵할 수 없다면 성대에 부담이 적게 가도록 말하세요. 그러기 위해서는 (1)**말할 때 늘 '단전'을 의식하세요. 그러려면 단전 훈련으로 단전의 위치를 느껴야 합니다**. (2)**성대가 힘들어질 것 같으면 비강으로 공명시켜서 성대의 부담을 최소한으로 줄이는 상상을 하세요**. 상상만으로도 좋습니다. 목소리가 울리는 장소가 목이 아니라 코 뒤쪽이라고 생각하는 거죠. 사실 얼굴 전체가 이상적이긴 하지만, 그게 어렵다면 코 뒤쪽만으로도 괜찮습니다. 진성을 조금 높이면 하기 쉬워집니다. 이 두 가지만 실천해도 성대의 부담은 꽤 줄어들 겁니다.

혼자서는 도저히 모르겠다면 보이스 티처에게 개인 레슨을 받는 것도 좋습니다. 정기적으로 점검을 받다 보면 성대가 제대로 회복되고 있는지 알 수 있을 겁니다. 한 번 레슨을 받고 성대가 심하게 아프거나 본인과 맞지 않으면 곧바로 다른 사람을 찾으세요. 의문 나는 점을 질문했는데 제대로 대답하지 못하는 보이스 티처라면 바로 바꾸는 게 좋습니다. 또한, 그 사람과도 잘 맞아야겠죠. 의사를 고를 때와 마찬가지입니다. 쾌차하시기 바랍니다.

허밍 훈련에 관하여

Q 남몰래 애니메이션 성우를 꿈꾸고 있는, 시간도 돈도 없는 지방에 사는 주부입니다.

다섯 곳을 진동시킬 수는 있는데 각각 한 곳씩 진동시키는 게 안 됩니다. 코나 목은 조금이긴 하지만 늘 진동하고 있습니다. 그런데 가슴을 진동시키려고 하면 꼭 머리도 같이 진동합니다. 뼈를 통해 진동이 온몸으로 퍼져 나가기 때문에 따로따로 하는 건 불가능하지 않을까 싶기도 합니다.

당연히 한 곳씩 진동시킬 수는 없습니다. 특히 입술과 코의 진동은 밀접하게 연결되어 있습니다. 엄밀히 말하면 어디를 진동시키든 목도 같이 떨립니다.

여기서 중요한 점은 다섯 곳을 각각 따로 진동시킬 때, 그곳을 가장 주된 진동 장소로 삼는 것입니다.

오른손으로 코, 왼손으로 입술을 만져 보세요. 그리고 입술을 주로 진동시킬 때와 코를 주로 진동시킬 때를 나눠 보세요.

어느 쪽이든 코도 입술도 같이 떨리지만, 코가 주된 장소일 때는 코가 입술보다 강하게 진동하고, 입술이 주된 장소일 때는 코보다 입술이 강하게 진동할 수 있게 연습하세요.

다만 목과 가슴을 같이 진동시킬 때는 가슴을 주된 장소로 삼는 것은 불가능하다고 생각하면 됩니다.

5음 훈련에 관하여

Q 극단에서 활동하는 고등학생입니다. 일주일에 한 번밖에 레슨이 없어서 혼자 연습하려고 이 책을 샀는데요. 집에서 이 훈련을 할 때는 너무 큰 목소리를 내기가 어려워서요. 목이 열려 있는 감각을 파악했다면 작은 목소리로 연습해도 좋을까요?

네. 기본적으로는 작은 목소리라도 상관없습니다. 큰 목소리가 공명이나 진동을 더 느끼기 쉬울 뿐이니까요.

작은 목소리로 제대로 목이 열린 감각과 공명을 느끼는 것은 사실 큰 목소리보다 어렵습니다. 그러니 이따금 강가나 노래방이나 운동장 한가운데로 가서 큰 목소리로 확인하는 것도 잊지 마세요.

복식호흡에 관하여

Q 복식호흡을 하면 숨을 들이마실 때는 배가 부풀고 내뱉을 때는 들어가죠. 그런데 제가 본 복식호흡 설명 비디오에서는, 미국 배우가 모델인데 발음할 때 배가 부풀고 숨을 들이마실 때 들어가더라고요. (날숨과 들숨이 빠르게 변하는) 실생활의 페이스에서는 이쪽이 자연스러운 느낌이 듭니다. 저는 영국에서 발명된 횡격막 강화기인 파워 브리드Power Breathe를 3년쯤 쓰고 있는데, 호흡 간격이 짧아지면 비디오의 배우처럼 되고 맙니다. 괜찮을까요?

복식호흡이란 잘 아시다시피 횡격막을 움직임으로써 폐를 넓혀 공기를 넣는 운동입니다. 횡격막은 아래로도 움직이지만 옆으로도 넓어질 수 있습니다. 아래로 내려가면 내장을 압박해서 배가 나옵니다. 하지만 아래로 내려가지 않고 그대로 옆으로 넓어지면 폐가 옆으로 넓어져서 호흡하게 됩니다.

이때 횡격막은 내장을 전혀 압박하지 않을 뿐 아니라 몸 내부에서는 옆 방향으로 공간이 넓어지므로 내장이 상대적으로 들어가게 됩니다.

짧은 호흡을 할 때 배가 들어가는 까닭은 횡격막이 아래로 내려갈 시간과 운동이 없이 그대로 옆으로 퍼지는 일이 많기 때문입니다.

그 모델은 횡격막을 옆으로 넓히는 운동을 의식적으로 하고 있는 것 같습니다. 참고로 흉식호흡과 횡격막을 옆으로 넓혀서 호흡하는 복식호흡의 차이는 가슴 윗부분, 어깨에 가까운 부분이 움직이느냐 안 움직이느냐로 구별할 수 있습니다. 흉식호흡은 어깨에 가까운 부분이 움직입니다. 하지만 횡격막을 옆으로 넓히는 호흡에서는 움직이지 않습니다.

한편, 이 횡격막을 옆으로 넓히는 호흡은 짧은 호흡일 때 나타난다면 문제 없어 보입니다. 다만 깊은 호흡일 때는(긴 문장을 말할 때 등) 역시 횡격막을 깊게 내리는 복식호흡이 바람직하다고 생각합니다.

그렇지만 방법의 옳고 그름보다는 궁극적으로 자기

몸이 어느 쪽을 원하는지, 어느 쪽이 더 기분 좋은지가 중요하다고 생각합니다.

단전에 관하여

Q 저는 60세의 접골사로 단전을 연구하고 있는데, 책을 읽고 의문이 들어서 질문드립니다.

단전은 '작고 부드럽고 움푹 들어간 것'이 올바른 모습이죠. 또한 구조적으로 인간의 체형은 '사지동물'을 기본으로 합니다. 개의 단전, 고양이의 단전이 올바른 기능이라고 생각합니다.

단전은 본래 높은 위치에 있으며 움푹 패여 있습니다. 하지만 인간은 직립했기 때문에 단전이 아래에 위치하고 부풀어 오르려고 합니다. 사람이 제대로 기립하려면 단전을 끌어올리는 이미지를 머릿속에 그려야 합니다.

복식호흡에서 숨을 들이마실 때 단전을 부풀리는 것은 부자연스러우며 건강에 해를 끼칩니다. 새나 말의 호흡법을 보고 익히는 것도 좋겠지요.

무릎을 세운 자세, 기도 자세, 누워서 두 무릎을 구부린 세미스파인 자세 등은 단전이 들어가기 좋은 훈련 자세라고 생각합니다.
'척추로 지탱한다', '목뼈로 머리를 떠받친다' 같은 말은 상식이 되었지만 동물의 척추와 비교하면 이상하지요. 척추에 하중을 주니까 허리와 어깨에 통증이 생깁니다.
척추는 대들보가 아니라 들보에 지나지 않습니다. 실제로 척추는 20여 개로 나뉘어 있고 흐물흐물합니다. 골반저근군도 사지동물은 (체내 방향으로) 조금 패여 있습니다. 이를 부풀리면 디스크, 자궁탈, 방광탈, 요실금 등의 원인이 됩니다.
'단전'은 신체와 호흡을 떠받치는 가장 최후의 수단일 뿐입니다. 단전에 기대면 힘을 내지 못합니다. 뼈에 기대면 뻣뻣해지고요.
저는 목소리 단련도 좋지만 일단 건강해야 한다고 생각합니다. 이상 제 개인적인 의견이었지만 참고해 주시면 감사하겠습니다.

정성스러운 지적 감사합니다.

우선 제 생각을 쓰겠습니다.

'단전'은 몸의 중심이며 추상적으로 말하자면 에너지의 중심입니다. 그러므로 '단전' 자체가 움푹 들어가거나 넓어지거나 하는 것은 아니라고 생각합니다.

호흡을 하려면 폐를 넓혀야 합니다. 횡격막을 움직여서 폐를 넓히는 호흡을 일반적으로 복식호흡이라고 부르는데 횡격막은 아래로도 옆으로도 확장됩니다.

즉 호흡이란 횡격막의 운동이며, 깊은 복식호흡은 단전에 해당하는 부분이 부풀어 오르는 것이지 단전 자체를 부풀리는 것이 아닙니다. 몸의 중심인 단전은 움푹 들어가게 하거나 부풀리는 것이 아니라고 생각합니다.

단, '단전을 부풀리지 않는 호흡'이라는 지적의 진의는 횡격막을 아래로 내리는 호흡보다 횡격막을 옆으로 넓히는 호흡이 더 인간에게는 적절하지 않은가, 이런 뜻이라고 짐작합니다.

여기서부터는 훈련 개발자에게 '어떤 호흡이 편안한가', '어떤 호흡이 몸 깊은 곳에서 원하는 것인가' 하는 방법론상 논의로 들어간다고 보는데요, 저는 횡격막을 깊이 내려서 단전에 해당하는 부분을 의식할 때 깊고 차분한 호흡을 하게 된다고 생각합니다.

척추에 관한 지적에는 전적으로 동의합니다. 직립보행을 하게 된 순간에 인간은 신체적인 어려움과 맞닥뜨리게 되었을 겁니다.

'단전에 기대지 않는' 방법은 무척 훌륭합니다. 그것을 쉽게 할 수 있다면 얼마나 많은 사람이 몸이 지르는 비명에서 해방될까요. 지금 알렉산더 테크닉이나 펠든크라이스 방식, 노구치 체조와 정체整体, 곤약 체조 등등 일본에서는 물론 세계에서 수많은 이들이 새로운 훈련법을 목표로 멋진 시행착오를 거듭하고 있습니다.

부디 멋진 방법이나 실천을 발견한다면 세상에 당당히 발표해 주시기 바랍니다. 저도 물론 참고하겠습니다.

질문 감사했습니다.

단전 장음 훈련에 관하여

Q 저는 엔지니어인데요, 성량 조절이 잘 안 돼서 사람들에게 목소리가 작아서 안 들린다거나 너무 크다는 말을 듣습니다. 신나서 떠든 뒤에는 꼭 목이 아프고요. 이런 부분을 개선하고 싶어서 책을 사서 읽었습니다.

저는 '배로 목소리를 지탱한다'는 것에 대해 질문하고 싶습니다.

배로 목소리를 지탱하려고 단전을 의식하면 하복부에 힘이 들어가는 건 괜찮은데 동시에 목에도 힘이 들어가서 긴장한 듯한 느낌이 듭니다. 벽을 누르며 소리를 내는 건 됩니다. 단순히 아직 훈련이 부족해서 그런 걸까요, 아니면 능력이 부족한 걸까요?

한편, 허밍 훈련을 계속해서인지 요새 주변 사람들에게 '울려 퍼지는 낭랑한 목소리'라는 칭찬을 듣곤 합니다. 조금씩이지만 훈련 효과가 나오는 모양입니다. 감사합니다.

근력 문제가 아니라 '버릇' 때문이라고 할 수 있습니다. 복근 주변에 힘을 넣는 것과 목 주변, 고개와 어깨에 힘이 들어가는 것이 무의식적으로 연결되어 있는 듯합니다.

벽을 누르거나 몸을 앞으로 기울이는 훈련을 이어 가면서 차츰 배만 의식해 보세요. 처음에는 잘 안 되겠지만 하다 보면 몸이 익숙해집니다.

힘이 들어간 것 같으면 고개를 돌리거나 어깨를 위아

래로 움직여서 풀어 주세요. 긴장할 때마다 풀어 주다 보면 이윽고 몸이 '아, 긴장 안 해도 되는구나' 하고 생각해 줄 겁니다. 긴장에 신경질적으로 반응했다가는 오히려 더 긴장하게 됩니다. 무의식적으로 긴장해 버리는 몸을 즐긴다는 마음을 가지세요.

날마다 꾸준히 훈련하면 틀림없이 목소리가 달라질 겁니다. 앞으로도 계속해 나가길 바랍니다.

보이스 티처가 되는 방법에 관하여

Q 보이스 티처가 되고 싶은데 어떻게 하면 되나요? 나와 있는 책으로 공부하면 되나요? 영국으로 유학 갈 필요도 있을까요? 양성기관이나 공식 자격증이 없는 직업이지만 꼭 되고 싶습니다.

정말 어려운 질문이네요. 질문하신 분도 아시다시피 일본에는 양성기관도 공식 자격증도 없습니다. 거꾸로 말하면 "나는 보이스 티처다"라고 선언하면 그냥 보이스 티처가 될 수 있는 거죠.

음대 성악과를 졸업한 보이스 티처가 많은 것 같습니

다. 단, 이상적인 성악 발성과 무대나 일상에서 하는 발성은 미묘하게 다릅니다.

지금으로서는 배우나 일반인을 대상으로 하는 정식 루트가 없습니다. 어떤 보이스 티처가 될지에 따라 다르겠지만, 배우도 지도한다면 배우 경험이 있으면 좋겠지요. 배우 특유의 목 사용법이나 실수를 안다면 더 적절한 지도를 해 줄 수 있을 테니까요.

영국 왕립중앙연극담화원에는 1년짜리 보이스 티처 양성 코스가 있는데, 일본인도 몇 명 공부하고 있습니다.(입학 요건에는 물론 발성 시험이 있습니다.)

저는 극단에서 나름대로 시행착오를 거듭하고, 책을 읽으며 공부하고, 성악 전공자에게 가르침을 받으며 저만의 훈련법을 찾아 왔습니다.

그리고 영국 길드홀 음악연극학교로 유학을 갔습니다. 발성 첫 시간에 제 발성을 들은 선생님이 “Voice is Free”(목소리란 자유로운 것이다)라고 말씀해 주셨지만, 그래도 1년간 발성 수업을 들으며 여러 가지 지식의 빈틈이나 불충분했던 점을 메울 수 있었습니다.

특히 그곳에는 보이스 티처가 세 분 있어서 다양한 수

업을 받았던 것이 큰 도움이 되었습니다. 세 분이 각자 주 2회 이상 수업을 하니 3인 3색의 관점을 배울 수 있었고, 전문적인 질문도 다양하게 할 수 있었습니다.

지금 일본에는 그나마 가수를 지도하는 사람은 좀 있지만, 배우나 일반인을 가르치는 보이스 티처는 매우 부족한 현실입니다.

역으로 말하면 보이스 티처라는 직업은 이제 겨우 걸음마를 뗐다고 할 수 있습니다. 실은 직장이나 학교, 온갖 장소에서 필요한 직업이죠.

해외에서 배우는 것이 유일한 방법은 아닐 겁니다. 부디 실력 있는 보이스 티처가 되어 주길 기다리고 있겠습니다. 대답이 되었는지 모르겠지만 이것이 지금 상황입니다.

10년 동안 받은 대표적인 질문에는 그런대로 답을 했다고 생각합니다. 지금까지 나왔던 질문과 대답을 잘 살펴보시고, 그래도 의문이 생기면 꼭 질문해 주세요.

목소리와 몸 훈련에 끝은 없습니다. 삶을 마칠 때까지 훈련이 이어지니까요. 최근에는 중노년층을 지도하는 보이스 티처도 생겨났습니다. 나이가 들면, 여성은 괜찮지만 남성은 말수가 적어지는 경향이 많아서 성대가 약해질 수 있기 때문입니다.

훈련을 이어 가는 비결은 단 하나입니다. **즐겁게, 여유롭게, 쉬엄쉬엄, 꾸준히**.

이 책이 다음 10년뿐 아니라 더욱 긴 시간 동안 사랑받으면 좋겠습니다.

함께 느긋하게 훈련을 이어 나갑시다. 저는 그럼 이만.

목소리와 몸의 교양
: 나의 생각과 감정을 잘 표현하기 위한 단련법

2019년 7월 4일 초판 1쇄 발행

지은이 고카미 쇼지
옮긴이 박제이

펴낸이 조성웅
펴낸곳 도서출판 유유
등록 제406-2010-000032호(2010년 4월 2일)

주소 경기도 파주시 책향기로 337, 301-704 (우편번호 10884)

전화 031-957-6869
팩스 0303-3444-4645
홈페이지 uupress.co.kr
전자우편 uupress@gmail.com

페이스북 www.facebook.com/uupress
트위터 www.twitter.com/uu_press
인스타그램 www.instagram.com/uupress

편집 전은재, 조은
디자인 이기준

제작 제이오
인쇄 (주)민언프린텍
제책 (주)정문바인텍
물류 책과일터

ISBN 979-11-89683-14-6 03590

이 도서의 국립중앙도서관 출판예정도서목록(CIP)은 서지정보유통지원시스템 홈페이지(seoji.nl.go.kr)와 국가자료공동목록시스템(www.nl.go.kr/kolisnet)에서 이용하실 수 있습니다.(CIP제어번호: CIP2019024604)